技能人才通用职业素质培训教材

劳模精神
劳动精神
工匠精神

人力资源社会保障部教材办公室
组织编写

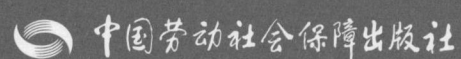

图书在版编目（CIP）数据

劳模精神　劳动精神　工匠精神 / 人力资源社会保障部教材办公室组织编写 . -- 北京：中国劳动社会保障出版社，2023

技能人才通用职业素质培训教材

ISBN 978-7-5167-5876-2

Ⅰ . ①劳… Ⅱ . ①人… Ⅲ . ①职业道德 – 中国 – 教材　Ⅳ . ① B822.9

中国国家版本馆 CIP 数据核字（2023）第 170567 号

中国劳动社会保障出版社出版发行

（北京市惠新东街 1 号　邮政编码：100029）

*

北京市艺辉印刷有限公司印刷装订　新华书店经销

787 毫米 ×1092 毫米　16 开本　10.25 印张　167 千字

2023 年 10 月第 1 版　2024 年 12 月第 2 次印刷

定价：22.00 元

营销中心电话：400-606-6496

出版社网址：http://www.class.com.cn

版权专有　　侵权必究

如有印装差错，请与本社联系调换：（010）81211666

我社将与版权执法机关配合，大力打击盗印、销售和使用盗版图书活动，敬请广大读者协助举报，经查实将给予举报者奖励。

举报电话：（010）64954652

主　编　高丽萍
副主编　李　岩
编　者　刘　欣　任超群　谢　颜
主　审　陈李翔　崔秋立

丛书序

职业素质对于技能人才职业生涯的发展至关重要。它可以帮助技能人才提升自身的价值与竞争力，获得更多的就业机会，是新型技能人才不可或缺的基本素养。为贯彻落实党的二十大精神，深入实施人才强国战略、就业优先战略，加快建设国家战略人才力量，努力培养造就更多大国工匠、高技能人才，健全终身职业技能培训制度，建立完善适应新时代发展要求的高质量职业技能培训教学资源体系，提高职业培训质量，人力资源社会保障部教材办公室组织有关院校、研究机构、培训机构、行业和企业等各方面专家，编写了技能人才通用职业素质培训教材。

技能人才通用职业素质培训教材依据国家职业标准、技能人才通用职业素质培训课程规范开发，以培养劳模精神、劳动精神、工匠精神为引领，强化全体技能劳动者职业素质和职业道德培育，加强数字技能等通用职业能力培养。首批开发的技能人才通用职业素质培训教材共包括《劳模精神　劳动精神　工匠精神》《职业道德》《职业素质》《数字技能》4本。

本书是开展技能人才通用职业素质培训的重要教学资源，适用于各级各类职业技能培训的通用职业素质类课程。

本书在编写过程中得到中国劳动关系学院劳模学院、山东劳动职业技术学院等单位的大力支持与协助，在此一并表示衷心感谢。

人力资源社会保障部教材办公室

目 录

第1章
时代呼唤

第2章
劳模精神
第1节　回溯劳模精神 ……………………………… 20
第2节　理解劳模精神 ……………………………… 37
第3节　践行劳模精神 ……………………………… 51

第3章
劳动精神
第1节　回溯劳动精神 ……………………………… 72
第2节　理解劳动精神 ……………………………… 87
第3节　践行劳动精神 ……………………………… 95

第4章
工匠精神
第1节　回溯工匠精神 ……………………………… 108
第2节　理解工匠精神 ……………………………… 123
第3节　践行工匠精神 ……………………………… 145

第1章 时代呼唤

50多万个零部件都要干成精品

郭锐,党的二十大代表,第十三届全国人大代表,中车青岛四方机车车辆股份有限公司(简称中车四方)钳工首席技师、中车首席技能专家。

作为中国高铁建设者,郭锐见证了"复兴号"的每一步创新实践。从"和谐号"到"复兴号",郭锐和他所在的团队为1 600多列高速动车组装配转向架。如今,这些列车已经安全运行超过40亿千米。

"爷爷辈造蒸汽机车,父辈造绿皮车,我造高速动车组。"郭锐一家三代都是铁路人,他1997年从技校毕业后,进入中车四方工作。"第一次接触高铁装配,是在2006年。"那时,公司开始制造时速200千米的高速动车组。组装转向架的重任落到了郭锐团队的肩上。

"转向架就是高铁的'腿'。高铁跑得又快又稳,全靠转向架和它的零部件。"郭锐说,转向架装配部件有上千个,装配尺寸数据记录有上万条,装配精度更是以微米计算。当时,国内在动车组转向架装配领域的研究刚刚起步。为了摸清原理,郭锐和同事们以厂为家,通宵达旦搞试验。没有操作手册就从零起步。他们用54天时间查阅资料,资料垒起来有2米多高。资料搜集完成后,再学习、消化、吸收,郭锐记细节,同事记步骤,笔记有10多万字。历时两个多月,郭锐终于带领团队成功攻克10余项制造技术难题,其中,他独创的"四点等高支撑调整先进操作法"开创行业先河,有力保障了我国首批动车组上线。

2014年,时速350千米的"复兴号"中国标准动车组进入试制的关键阶段,郭锐又接到了"复兴号"转向架的装配任务。由于"复兴号"转向架采用全新轴箱体设计,装配精度要求极高,难度极大。接到攻关任务后,郭锐带领团队泡在生产车间,连续一周白天黑夜连轴转,制订了90种装配方案,经过上千次反复验证,最终找出了最佳装配方案,解决了制约"复兴号"转向架制造的难题。

"复兴号动车组上有50多万个零部件,每一个零部件,都要干成精品。"郭锐说。2021年6月22日,第十五届高技能人才表彰大会举行。郭锐的履历中又新增了一项国家级荣誉,他成为素有"工人院士"之称的"中华技能大奖"奖项获得者。这位国内高速列车转向架装配技术的带头人,再次凭借自己的专业、敬业获得了社会认可。"我们技能人才赶上了好时代,一个培养和造就高素质技术工人的'新时代'。"郭锐说。

党的二十大报告提出,必须坚持科技是第一生产力、人才是第一资源、创新是第一动力。"为祖国造最好的车"是郭锐一生追求和奋斗的目标。作为中国第一代高铁工人,郭锐勤学苦练,深入钻研,不断鞭策自己、提升自己,以怀"匠心"、守"匠情"、践"匠行"的责任担当,在项目攻关、技术创新、人才培养等方面发挥模范引领作用,为推进社会经济高质量发展贡献着自己的力量。

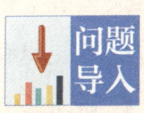

你如何理解郭锐说的"我们技能人才赶上了好时代,一个培养和造就高素质技术工人的'新时代'"这句话?

核心要素

劳模精神、劳动精神、工匠精神的时代价值

一、新时代呼唤劳模精神、劳动精神、工匠精神

伟大复兴是新时代中国经济发展的重要特征，是由高速增长转向高质量发展、从量的扩张转向质的提升。中国经济转型升级，走高质量发展之路，是大势所趋，是形势必需，也是未来出路。

习近平总书记指出："劳动者素质对一个国家、一个民族发展至关重要。技术工人队伍是支撑中国制造、中国创造的重要基础，对推动经济高质量发展具有重要作用。"党的十八大以来，党和国家十分重视技能人才队伍建设。在新阶段新发展理念的指导下，要推动产业结构转型升级，必须拥有一支宏大的知识型、技能型、创新型劳动者大军，其中应包含一大批敬业奉献、技术精湛、善于创新创造的高技能人才。从这个意义上讲，立足新发展阶段，贯彻新发展理念，构建新发展格局，推动高质量发展，必须紧紧依靠工人阶级和广大劳动群众，必须大力弘扬劳模精神、劳动精神、工匠精神，为应变局、育新机、开新局、谋复兴提供强大精神动力。

"大国工匠，国家就需要你这样的人。" 2021年6月29日，人民大会堂"七一勋章"颁授现场，习近平总书记的一句话让"好焊工"艾爱国难以忘怀，艾爱国深感习近平总书记和党中央对劳动者的深情关爱。

新时代，我们呼唤劳模精神、劳动精神、工匠精神，决不限于物质生产的过程，这不仅是对优良传统的传承,而且是为实现中华民族伟大复兴汇聚强大正能量,是为伟大事业擦亮爱岗敬业、争创一流的奋斗底色,高树热爱劳动、崇尚劳动的社会风尚,展现创新引领、追求卓越的时代精神,为中国经济强筋健骨,为中国文化强根固本,为中国力量凝神铸魂。

鏨刻技艺的"大国工匠"

他是孟剑锋,2015年被评为首批"大国工匠",现任北京工美集团有限责任公司旗下北京握拉菲首饰有限公司高级技师。

APEC(Asia-Pacific Economic Cooperation,亚太经合组织)会议国礼《和美》纯银鏨刻丝巾果盘、"一带一路"峰会国礼《梦和天下》首饰盒套装、北京冬奥徽宝、"两弹一星"科学家功勋奖章、"神舟"系列航天英雄奖章,这些巧夺天工的作品都出自孟剑锋之手。

可孟剑锋却说:"我没有最满意的作品。每一个作品从制作想法到制作技艺,都是尽当时所能,全力以赴做好,但现在反过来再看这些作品,还是会有遗憾在里面。"

2014年9月,北京工美集团包揽了APEC三件国礼的设计制作任务,其中包括握拉菲设计制作的《和美》纯银鏨刻丝巾果盘,孟剑锋是主要制作者之一。

APEC会议期间,一些国家元首看到金色的果盘里放了一块柔软的丝巾,会情不自禁地伸手去抓,结果没有一个人能抓得起来,原来这块丝巾是用纯银鏨刻出来的。为了做出仿竹编果盘的粗糙感和丝巾的柔美光感,孟剑锋反复琢磨、试验,制作了近30把鏨子,最小的一把在放大镜下做了5天。"一把横截面2.5平方毫米的鏨子,一共有20多道细纹,每道细纹大约有0.07毫米,相当于头发丝粗细。"

开好鏨子只是完成了制作国礼的第一步。在厚度只有0.6毫米的银片上,有无数细密的经纬线相互交错,在光的折射下形成图案,这需要上百万次的錾刻敲击。不仅下手时要稳准狠,同时也要特别留神,不能錾透了,只要有一次失误,就前功尽弃。

为了保证按期完工,有人提议用机器铸造底托。"这个建议显然更快、更容易操作,但是用机器做出来的底托特别呆板,没有生命力。"孟剑锋决定全部用纯手工方式编织,用直径约3毫米的银丝编织中国结,先要进行高温加热使银丝软化,并需在温度降低、银丝变硬前迅速编织。而且每弯一次需要重新再加温,褪了很多遍火才成型。

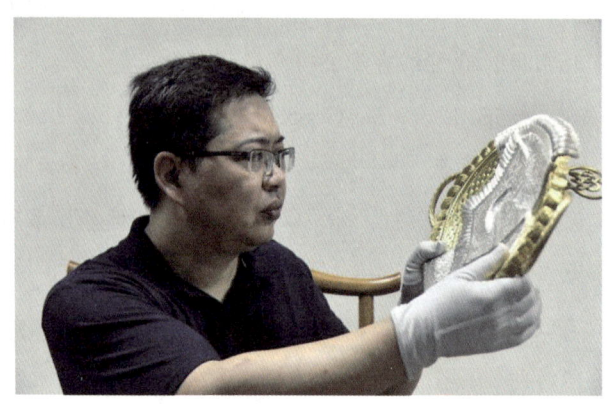

手持《和美》纯银錾刻丝巾果盘的孟剑锋

为了编底托,孟剑锋的手被烫出大泡,水泡磨破了,汗水一浸疼得钻心。咬牙坚持奋战了3个月,他手上的水泡变成了厚厚的茧子,食指都变形了,一根手指像两根手指那么粗。他怕影响工作,就用钳子剪去手上的死皮,接着干。

作为北京冬奥会首款印玺特许商品,北京冬奥徽宝珍藏版由"北京奥运徽宝"原班人马再度设计制作。跨越十余年的两款奥运徽宝,孟剑锋都是主要参与者。

"提起工匠精神,大家可能会认为它体现为一种手艺。我个人认为,弘扬工匠精神其实是鼓励人们在一个岗位上兢兢业业、踏踏实实工作,专注地做好一件事。尤其是对于新时代的年轻人,弘扬这种精神是非常必要的。因为只有在一个岗位上工作几十年,才可能做出一些成绩。"孟剑锋说。

党的十八大以来，习近平总书记发表了一系列重要讲话，对劳模精神、劳动精神、工匠精神等内容进行了深刻阐述。2013年4月28日，习近平总书记来到中华全国总工会机关同全国劳动模范代表座谈时提出："长期以来，广大劳模以高度的主人翁责任感、卓越的劳动创造、忘我的拼搏奉献，谱写出一曲曲可歌可泣的动人赞歌，为全国各族人民树立了光辉的学习榜样。""尽管前进道路并不平坦，改革发展稳定任务仍很艰巨而繁重，但面对未来，我们充满必胜信心。我国工人阶级一定要在坚持中国道路、弘扬中国精神、凝聚中国力量上发挥模范带头作用，万众一心、众志成城，为实现中华民族伟大复兴的中国梦而不懈奋斗。""人民创造历史，劳动开创未来。劳动是推动人类社会进步的根本力量。幸福不会从天而降，梦想不会自动成真。实现我们的奋斗目标，开创我们的美好未来，必须紧紧依靠人民、始终为了人民，必须依靠辛勤劳动、诚实劳动、创造性劳动。""必须大力弘扬劳模精神、发挥劳模作用。榜样的力量是无穷的。"这为新时代弘扬、传承劳模精神，发挥劳模作用提供了根本遵循。

2014年4月30日，习近平总书记在乌鲁木齐接见劳动模范和先进工作者、先进人物代表时指出："一代又一代的劳动模范和先进工作者、先进人物，是我国劳动人民的杰出代表，是祖国和人民的骄傲。你们大家以强烈的主人翁责任感，立足本职，争创一流，集中体现了伟大的时代精神、创业精神、奉献精神，为国家和民族增添了绚丽光彩。""劳动是一切成功的必经之路。当前，全国各族人民正满怀信心为实现'两个一百年'奋斗目标而努力。实现我们确立的奋斗目标，归根到底要靠辛勤劳动、诚实劳动、科学劳动。""我们要在全社会大力弘扬劳动光荣、知识崇高、人才宝贵、创造伟大的时代新风，促使全体社会成员弘扬劳动精神。""劳动模范和先进工作者、先进人物不仅自己要做好工作，而且要身体力行向全社会传播劳动精神和劳动观念。""广大党员、干部要带头弘扬劳动精神。"习近平总书记首次提出劳动精神，是对广大劳动者的褒奖和激励，是对以人民为中心的发展思想的坚持和发展，对于进一步激发广大劳动者的劳动热情，引领新时代奋斗者砥砺前行，产生了重要的推动作用。

2016年4月26日，习近平总书记在知识分子、劳动模范、青年代表座谈会上强调："在工厂车间，就要弘扬'工匠精神'，精心打磨每一个零部件，生产优质的产品。"这是习近平总书记首次提到工匠精神，对于厚植工匠文化、崇尚精益求精、完善激励机制，产生了重要而深远的影响。

在新的历史起点上，加快经济发展方式转变、发展中国特色社会主义事业、实现中华民族伟大复兴，是新时代赋予中华民族的光荣与梦想、责任与使命。劳模精神、

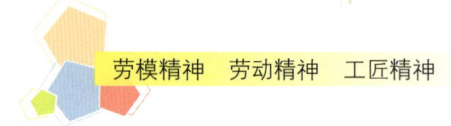

劳动精神、工匠精神孕育出的全国劳模、大国工匠，以及高素质的劳动者大军，是我国在各个历史时期取得重大成就所依靠的力量，也是新时代建设社会主义现代化强国的中流砥柱。

二、劳模精神、劳动精神、工匠精神的内在关系

劳模精神、劳动精神、工匠精神相互联系、相互支撑。从主体来看，劳模精神的主体是劳模群体，劳动精神的主体是普通劳动者群体，工匠精神的主体是拥有专业特长和一技之能的技能人才群体。从功能来看，劳模精神是示范和引领，体现了全体劳动者对社会主义国家主人翁身份的认同，对劳动光荣、劳动伟大的充分尊重和认可；劳动精神是基础和根基，激发广大劳动者辛勤劳动、诚实劳动、创造性劳动，真正让劳动最光荣、劳动最崇高、劳动最伟大、劳动最美丽蔚然成风，让劳动者成为最受尊敬的人；工匠精神致力于传承和创新的结合，培养具备"懂技术、会创新"的专业劳动素养的劳动者，激励更多劳动者学技能、钻研技能。

劳模精神是劳动模范所具备的精神，能够对全社会起到示范引领作用。劳动精神是劳模精神、工匠精神的基础，无论是劳模精神还是工匠精神，都来源于劳动精神；劳模精神和工匠精神，从本质上来说也是一种劳动精神，每一位劳动者都应该具备劳动精神。工匠精神注重追求极致、致知力行、自我超越，是对劳动精神的升华。三种精神相互侧重且一脉相承。大力弘扬劳模精神、劳动精神、工匠精神的目的就是让每一个人都热爱劳动，脚踏实地，努力奋斗，成为更加优秀的劳动者，创造美好生活，推动经济社会发展。

三、劳模精神、劳动精神、工匠精神的精神内涵

2020年11月24日，习近平总书记在全国劳动模范和先进工作者表彰大会上发表重要讲话强调，大力弘扬劳模精神、劳动精神、工匠精神。"不惰者，众善之师也。"在长期实践中，我们培育形成了爱岗敬业、争创一流、艰苦奋斗、勇于创新、淡泊名利、甘于奉献的劳模精神，崇尚劳动、热爱劳动、辛勤劳动、诚实劳动的劳动精神，执着专注、精益求精、一丝不苟、追求卓越的工匠精神。劳模精神、劳动精神、工匠精神是以爱国主义为核心的民族精神和以改革创新为核心的时代精神的生动体现，是

鼓舞全党全国各族人民风雨无阻、勇敢前进的强大精神动力。习近平总书记对劳模精神、劳动精神、工匠精神的内涵进行了科学、深刻的概括，进一步丰富了马克思主义劳动学说，鲜明体现了我们党与时俱进的理论品格。

劳模精神、劳动精神、工匠精神是党依靠劳动人民谋复兴的重要纽带。人民群众通过劳动创造历史、开拓未来，实践劳模精神、劳动精神、工匠精神的劳动者是社会主义事业最坚实的支撑力量，在党领导人民群众不懈奋斗的百年历程中，广大人民群众始终紧跟党的前进步伐，以扎实的劳动、卓越的成果为社会主义的建立、建设保驾护航。劳模精神、劳动精神、工匠精神是党为人民谋幸福的精神传达。在中国特色社会主义社会中，劳动人民是国家的主人，党将实现好、维护好、发展好广大劳动人民的根本利益作为工作的重点。

习近平总书记把劳模精神总结为"爱岗敬业、争创一流、艰苦奋斗、勇于创新、淡泊名利、甘于奉献"，为我们科学理解和大力弘扬劳模精神提供了正确指引。"爱岗敬业、争创一流"是劳模的奋斗目标；"艰苦奋斗、勇于创新"展现出劳模的精神风貌；"淡泊名利、甘于奉献"体现了劳模的思想境界。这三个方面相辅相成，互为补充。没有劳模的"艰苦奋斗、勇于创新"的精神风貌，就难以实现他们"爱岗敬业、争创一流"的奋斗目标；没有"淡泊名利、甘于奉献"的思想境界，就不能很好地体现"艰苦奋斗、勇于创新"的精神风貌。

拓展阅读　　　　用劳动扮靓大国"颜面"的"保洁卫士"

2012年，来自河南省驻马店市西平县出山镇焦之岗村的农民工蔡凤辉，成为北京天安门保洁班班长。"在天安门广场工作，非同一般。"在蔡凤辉看来，天安门是祖国的"颜面"，代表着国家的形象。时刻保持天安门干净整洁，是自己的使命。

天安门每天平均接待游客几十万人次，但是天安门广场却始终保持着整洁干净。"广场保洁就是要人走地净。"蔡凤辉说，其实这也有"秘诀"。她们增加了巡回保洁作业的频次，坚持两个标准，即垃圾落地时间不超过

10分钟，路面尘土残存量不超过5克每平方米，确保天安门地区环境卫生干净整洁，让游人可以席地而坐。

为了这个使命，她积极创新，改革作业工艺，将电动捡拾三轮车引入广场保洁工作中，使得员工作业效率提升了80%；通过发明"口香糖刷"，在不伤害大理石材地面的情况下，清除了天安门广场上的顽疾——口香糖污渍，使整个广场地面焕然一新。2012年至今，蔡凤辉凭着一股子干劲、闯劲、钻劲，带领大家圆满完成了每年的全国两会、"五一""十一"、迎宾等各项重大活动的环卫保障工作，在平凡工作中作出了不平凡的业绩。

2019年10月1日天安门广场要举办庆祝中华人民共和国成立70周年阅兵式和群众游行活动。为做好保障工作，从7月份开始蔡凤辉就对参与活动环卫保障的员工陆续进行了1 700多人次的天安门地区实地培训，每天工作时间长达20小时，日均步数3万多步，白天、黑夜都能在天安门广场看见她的身影。

国庆节前夕，由于腿部受伤，她被送进医院动手术。然而术后第7天，她就回到了岗位上。作为劳模，原本她是有机会在观礼台参加国庆阅兵观礼的，但为了确保保障工作万无一失，她毅然放弃了观礼，坚持带着腿伤参加保障工作。她说："哪怕这条腿不要，也要参加这次保障，70周年的保障任务做好了，比坐在观礼台上更高兴、更骄傲。"

2020年，她光荣地被评选为"全国劳动模范"，蔡凤辉早已与天安门广场结下了深厚的情缘。"天安门广场记载了中国共产党领导的人民不屈不挠的革命斗争历史。为了守护好这片神圣的土地，我愿做一生的环卫人。"

关于劳动精神，习近平总书记指出："人世间的一切幸福都需要靠辛勤的劳动来创造。我们的责任，就是要团结带领全党全国各族人民，继续解放思想，坚持改革开放，不断解放和发展社会生产力，努力解决群众的生产生活困难，坚定不移走共同富裕的道路。""必须坚持崇尚劳动、造福劳动者。劳动是财富的源泉，也是幸福的源泉。人世间的美好梦想，只有通过诚实劳动才能实现；发展中的各种难题，只有通过诚实劳动才能破解；生命里的一切辉煌，只有通过诚实劳动才能铸就。劳动创造了中华民族，造就了中华民族的辉煌历史，也必将创造出中华民族的光明未来。"劳动精神的基本内涵主要包括崇尚劳动、热爱劳动、辛勤劳动、诚实劳动。随着时代的发展，它的内涵不断丰富，呈现"尊重劳动、劳动平等"的价值导向性，倡导"劳动创造"的实践创新性，强调"劳动神圣、劳动光荣"的精神幸福性。崇尚劳动、热爱劳动是培养正确的劳动态度，奉行"劳动光荣、劳动伟大"的认知，尊重劳动创造价值，激发劳动热情；辛勤劳动是要充分遵循劳动的客观规律以及要达到的劳动强度，是诚实劳动的条件与基础；诚实劳动是指在法律法规范围内自觉践行职业道德规范，严格工作标准，坚持初心、恪尽职守。

习近平总书记曾对我国技能选手在第 45 届世界技能大赛上取得佳绩作出重要指示："要在全社会弘扬精益求精的工匠精神，激励广大青年走技能成才、技能报国之路。"以创新引领实体经济转型升级，全面提升质量水平，要大力弘扬工匠精神，厚植工匠文化，崇尚精益求精，完善激励机制，培育众多"中国工匠"，打造更多享誉世界的"中国品牌"，推动中国经济发展进入高质量发展时代。工匠精神的基本内涵主要包括执着专注、精益求精、一丝不苟、追求卓越。其中，"执着专注"是精神状态，专于其心，心无旁骛；"精益求精"是品质追求，不断改进，永不止步；"一丝不苟"是职业态度，用心琢磨、态度严谨；"追求卓越"是信念追求，自我超越，不断突破。在我国，工匠精神源远流长，从庖丁解牛，李春建造赵州桥，到大庆精神、"两弹一星"精神、载人航天精神等，都是工匠精神在不同历史时期的生动体现。工匠精神不仅要求我们"能干会干"，还要"精干巧干"，树匠心、育匠人、出精品，大力弘扬工匠精神，为推进中国制造的"品质革命"提供了源源不断的动力。

 **从农民工到全国技能大师的新时代工匠**

游弋是河南能源化工集团有限公司下属河南龙宇能源股份有限公司车集煤矿矿井维修电工，高级技师，曾获得全国劳动模范、全国技术能手、全国五一劳动奖章、全国煤炭行业技能大师、全国职工职业道德标兵

个人等荣誉称号，是国家级技能大师工作室带头人，享受国务院政府特殊津贴。

从一个仅具有初中文化的普通劳务工成长为全国煤炭行业技能大师，游弋始终扎根生产一线，不断深化和发展煤矿工人特别能战斗精神的内涵，潜心钻研，致力创新，围绕矿井减人提效和安全生产，在矿井提升系统改造和煤矿专用工具设计等方面，先后获得多项国家专利，完成创新成果百余项，部分成果填补了国内空白。

参加工作之初，面对企业主井成套设备从德国进口、说明书均为英文和德文的情况，游弋虚心请教、刻苦钻研，努力提升技能，利用半年的时间吃透了上百张外文电路图纸，成为企业内第一个玩转洋设备的"本土专家"。

2016年，煤矿主井进口交流同步电动机磁极绕组需要更换。磁极绕组质量大，与磁极座配合精密，因此磁极绕组拆装是一项复杂而又细致的工作。以往拆装磁极绕组时，都是靠人工借助起重机和手拉葫芦相配合的方式进行，不但耗时费力，而且因作业空间狭小，稍有不慎，就会发生磁极绕组损坏甚至造成人身伤害事故。为彻底解决这一难题，游弋自我加压，独立设计出一套拆装专用工具，将推拉磁极绕组的移动精度控制在毫米以内，施工人员由20人减少到6人，速度由10个小时拆装1个提高到4.5小时拆装2个，拆装效率提高10倍以上，并且彻底消除了拆装过程中潜在的安全隐患，保证了拆装安全。

游弋立足岗位需求，把企业安全生产的难点、提质增效的重点、节支增收的关键点，作为技术创新的出发点、着力点和落脚点，扎实开展创新创效，先后完成了永磁开关故障全自动诊断和切换技术、新型皮带跑偏开关、近距离爆破防护装置、主井装载站装煤系统技术改造等重大应用型创新项目，为企业创造了巨大的经济效益。仅永磁开关故障全自动诊断和切换技术应用一项，使系统能够在10秒内发现故障并自动切换，实现提升系统持续全自动运行，每年增收就达200余万元。

> 游弋继承了"矿工精神",发展了新时代工匠精神。游弋的成长经历,浓缩了新时代高素质新型技能人才的成长之路、攀登之路。他的不懈追求和突出贡献,唱响了新时代奋斗者之歌。

游弋在钻研技术

四、劳模精神、劳动精神、工匠精神的时代价值

人民创造历史,劳动开创未来。全面建设富强、民主、文明、和谐、美丽的社会主义现代化强国,根本上要靠全国各族人民辛勤劳动、诚实劳动、创造性劳动来实现。新时代,我们更应弘扬劳模精神、劳动精神、工匠精神。

1. 为实现中华民族伟大复兴提供精神动力

习近平总书记指出:"今天,我们比历史上任何时期都更接近、更有信心和能力实现中华民族伟大复兴的目标。"当前,我国正在新的历史起点上向前迈进,广大劳动者正坚定不移贯彻新发展理念,奋力谱写中国特色社会主义伟大事业的新篇章。一切美好梦想的实现,需要强大的精神激励,需要付出不懈的艰苦努力。劳模精神、劳动精神、工匠精神是民族精神和时代精神的重要内容。2018年12月,庆祝改革开放40周年大会在人民大会堂举行。100名"改革先锋"称号获得者在大会上受到表彰,他们是我国亿万劳动者的杰出代表。他们中不仅有优秀的科学家、优秀的企业家,更有优秀的工人代表,如巨晓林、郭明义、许振超等。这些"改革先锋",尤其是其中的工人代表是实现中华民族伟大复兴中国梦的"脊梁",他们身上体现的劳模精神、劳动精神、工匠精神为实现中华民族伟大复兴提供了无穷的精神动力。

2. 为践行社会主义核心价值观增添精神内涵

社会主义核心价值观倡导富强、民主、文明、和谐,倡导自由、平等、公正、法治,倡导爱国、敬业、诚信、友善。社会主义核心价值观以培养担当民族复兴大任的时代新人为着眼点,强化教育引导、实践养成、制度保障。劳模精神、劳动精神与工匠精神与社会主义核心价值观内在相通,是社会主义核心价值观在劳动者身上的具体体现,是当代中国精神的重要组成部分。弘扬劳模精神、劳动精神和工匠精神,就是在搭建传递社会主义核心价值的平台,形成有利于培育和践行社会主义核心价值观的社会氛围,引导广大劳动者自我教育、自我提升。先后荣获全国五一劳动奖章、"感动交通"年度人物的青岛真情巴士集团驾驶员于义睦,从业20多年,凭借干一行爱一行、专一行精一行的劳模精神,安全行车超过100万千米,保持服务零投诉;坚持同步人工报站,待乘客如家人;手机中有近2 000位乘客的联系方式。他为吵架夫妻劝过架,陪孤寡老人去过医院,给空巢老人修过水管……从萍水相逢到亲如挚友,他用20多年的无私奉献展现了一位普通公交驾驶员的强大魅力。于义睦之所以能够获得市民乘客的认可,一个重要原因就在于他自觉遵循并践行了社会主义核心价值观。新时期,劳模精神、劳动精神、工匠精神已经成为引领新时代的价值取向,能够最大限度地凝聚广大劳动者共同践行社会主义核心价值观。

3. 为推进技能人才队伍建设和改革注入精神力量

新时代,我国经济已由高速增长阶段转向高质量发展阶段。技能型劳动者的数量和质量是影响高质量发展的重要因素。2022年,中共中央办公厅、国务院办公厅印发的《关于加强新时代高技能人才队伍建设的意见》中提出,到"十四五"时期末,技能人才占就业人员的比例达到30%以上,高技能人才占技能人才的比例达到1/3。培育一支高技能人才队伍是建设制造业强国的根本途径。中共中央、国务院印发的《新时期产业工人队伍建设改革方案》中提出"造就一支有理想守信念、懂技术会创新、敢担当讲奉献的宏大的产业工人队伍","大力弘扬劳模精神、劳动精神、工匠精神"。因此,大力弘扬劳模精神、劳动精神、工匠精神,是向全社会传递劳动最光荣、劳动最崇高、劳动最伟大、劳动最美丽的价值观和社会风尚;是助力技能劳动者获取高水平的职业技能、建立职业认同感的强大引领力量;是在全社会构建技能形成体系,为实现高质量经济发展目标打造的坚实根基。

在实现第二个百年奋斗目标、全面建设社会主义现代化强国的新征程上，高层次的技术技能人才队伍对推动经济高质量发展具有重要作用。重视技能人才培养，培育更多能工巧匠，对企业、行业的长远发展来说，意义深远。新时代，我们更需要大力弘扬和践行劳模精神、劳动精神、工匠精神，不断提高产品和服务质量。

小结与思考

劳模精神、劳动精神、工匠精神是以爱国主义为核心的民族精神和以改革创新为核心的时代精神的生动体现，是鼓舞全党全国各族人民风雨无阻、勇敢前进的强大精神动力。新时代，要推动高质量发展，必须紧紧依靠工人阶级和广大劳动群众，更需要大力弘扬劳模精神、劳动精神、工匠精神，为应变局、育新机、开新局、谋复兴提供强大精神动力。

以下问题值得我们探究与思考。

1. 请结合你的理解回答新时代为什么需要弘扬劳模精神、劳动精神、工匠精神。
2. 你如何看待劳模精神、劳动精神、工匠精神的内在关系？
3. 选择一名你所在企业中的优秀工作者或者劳动模范作为自己的榜样，深入了解他（她）身上有什么值得学习的劳模精神、劳动精神、工匠精神，讲出他（她）的故事，并说出你的感悟。

第 2 章

劳模精神

劳模精神　劳动精神　工匠精神

弘扬劳模精神　实干成就伟业

爱岗敬业　争创一流

工作50多年来，靠一把焊枪，艾爱国赢得无数"军功章"，包括全国劳动模范、全国技术能手、国家科技进步奖等。2021年，又获得"七一勋章"的殊荣。"当工人就要当个好工人"，这是艾爱国的职业信条。他在参加湖南省湘潭市庆祝"五一"国际劳动节劳模工匠座谈会的间隙，仍不忘电话指导徒弟实施不锈钢管道焊接攻关项目。

江苏无锡微研有限公司精密加工车间内，机器运转，火花微闪。加工中心班组班长，全国劳动模范陈亮正全神贯注地进行操作。几小时后，一台表面光滑、形状方正的模具出现在数控机床上，凸模表面尺寸与设计图纸分毫不差，可立即用于生产冲压件。"保持领跑的关键，在于争创一流。"陈亮说。

艰苦奋斗　勇于创新

在湖北省京山市宋河镇的深山，离地面80多米的特高压输电线上，国网湖北超高压公司输电检修中心带电作业二班班长胡洪炜正在作业。遇到连接处，他都会停下来认真检查，确认没有问题后便在随身携带的表格上打钩。"干这行，不能怕吃苦。"胡洪炜说，最多的时候，他半年穿坏了14双工作鞋、磨破了7套工作服。"我们要发扬劳模精神，守护好万家灯火。"

刘丽是中国石油大庆油田采油二厂第六作业区采油48队采油班长，她一有空就掏出随身携带的图纸和铅笔，研究生产中的难题。"近期在生产过程中发现，注聚井井口过滤器内部滤网经常堵塞、变形，必须尽快找到新办法解决问题。"刘丽说。坚持每天围绕生产难题思考和创新，已成为她的习惯。当代工人不仅要有力量，还要有智慧、有技术，能发明、会创新。

淡泊名利　甘于奉献

竺士杰是宁波舟山港北仑第三集装箱码头有限公司桥吊班大班长，刚指导完员工桥吊操作，他又马不停蹄地赶回工作室，伏案总结宁波舟山港首台"岸桥远控模拟系统"的操作经验和要点。"师傅经常说，荣誉是肯定更是责任，要淡泊名利，发挥好技能特长，帮助更多人提高本领"，竺士杰的徒弟郑恒亮说。

　　劳动创造幸福，实干成就伟业。艾爱国、陈亮、胡洪炜、刘丽、竺士杰有一个共同的称号——劳动模范。他们展现的工作群像，代表了全国各地、各条战线上的广大劳动群众大力弘扬劳模精神，鼓足干劲、无私奉献的形象；他们用热心服务和辛勤劳动，谱写了新时代的劳动者之歌，唱响了劳动最光荣、劳动最崇高、劳动最伟大、劳动最美丽的时代乐章；他们的精神鼓舞着广大职工群众为实现伟大中国梦添砖加瓦！

什么是劳模精神？劳模精神的时代价值是什么？

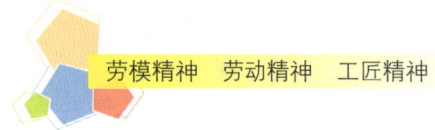

第1节 回溯劳模精神

一、劳模和劳模精神

"劳模"是我国劳动模范和先进工作者的简称,指党和国家在各个历史时期选拔出来的为社会主义建设事业做出重大贡献并被授予"劳动模范"荣誉称号的劳动者们。

在我们党团结带领人民进行革命、建设、改革的各个历史时期,劳动模范始终是我国工人阶级中一个闪光的群体,享有崇高声誉,备受人民尊敬。劳动模范是劳动群众的杰出代表,是最美的劳动者。习近平总书记指出:"劳动模范身上体现的'爱岗敬业、争创一流,艰苦奋斗、勇于创新,淡泊名利、甘于奉献'的劳模精神,是伟大时代精神的生动体现。""劳动模范是民族的精英、人民的楷模,是共和国的功臣。"劳动最光荣、劳动最崇高、劳动最伟大、劳动最美丽。全社会都应该尊敬劳动模范、弘扬劳模精神,让诚实劳动、勤勉工作蔚然成风。

劳模是劳模精神的载体和创造者。劳模精神根植于中国共产党领导人民不懈奋斗的伟大实践当中,是以党和国家选拔出来的劳动模范身上所体现的先进思想和优秀品质为主要内容,随着时代变迁不断丰富发展所凝练出的一种精神力量,是对中华优秀文化和伟大民族精神的生动诠释,是我国进入新的历史时期时代精神的重要组成部分。劳模精神激励着我国一代又一代劳动者坚守信念,踏实苦干,追求梦想,勇攀高峰。

我国多种类型的劳动表彰

近年来，我国对优秀劳动者的表彰体系日益完善，逐步形成了多领域、多渠道的表彰制度。在表彰对象的范围上，既有对优秀劳动者个人的表彰，也有对先进劳动集体的褒奖。同时，各荣誉称号是不同机构根据不同标准评选产生的，面向不同行业、不同领域，各有侧重。

"全国劳动模范""全国先进工作者"荣誉称号由中共中央、国务院授予，表彰在社会主义建设事业中做出重大贡献者。全国劳动模范的评选表彰工作每5年一次。全国劳动模范授予企业职工、农民和其他社会主义建设者，全国先进工作者授予机关和事业单位职工。

全国劳动模范奖章

"全国五一劳动奖"包括"全国五一劳动奖状"和"全国五一劳动奖章"。全国五一劳动奖状是中华全国总工会设立的授予先进集体的荣誉称号，授予对象范围包括在我国境内依法注册或登记的非跨地区的企业、事业单位、机关、社会组织及其他组织。被授予全国五一劳动奖状的，由全国总工会颁发奖牌和证书。全国五一劳动奖章是全国总工会为奖励在社会主义各项建设事业中做出突出贡献的职工而颁发的荣誉奖章。被授予全国五一劳动奖章的职工，由全国总工会颁发奖章、证书和奖金。

"全国工人先锋号"授予企业、事业单位、机关、社会组织及其他组织所属的部门。被授予全国工人先锋号的，由全国总工会颁发奖牌和证书。

除召开全国劳动模范和全国先进工作者表彰大会的年份外，每年"五一"国际劳动节前夕，要进行全国五一劳动奖和全国工人先锋号的表彰。尽管不同奖项的表彰机构、授予对象、评选标准不尽相同，但共同彰显着国家对在社会主义建设事业中做出重大贡献的优秀劳动者的褒奖与激励，都是对劳动精神的礼赞，对劳动创造的讴歌。

二、劳模精神的形成和发展

劳模精神源自中华民族优秀传统文化，孕育于新民主主义革命时期，形成于社会主义革命和建设时期，发展于改革开放和社会主义现代化建设新时期，光大于中国特色社会主义新时代。劳模精神是时代精神的体现，受时代经济社会发展影响，在不同时代具有不同的时代特征，但一脉相承，不断丰富和发展，历久弥新。

1. 劳模精神继承了中华优秀传统文化精髓

回望中华文化璀璨夺目的星河，在体现早期中国人劳动实践情况的古代神话中，无论是女娲补天，还是大禹治水，均是对早期劳动人民勇挑重担、主动劳动、无私奉献的劳动实践的生动描述与总结。其中蕴含的舍我其谁的责任意识为劳模精神中的主人翁思想形成提供了传统文化滋养。中华民族面对严酷的自然环境，始终秉持积极主动改造世界的态度，不管是"子子孙孙无穷匮也"誓要铲平二山的愚公，还是遍尝百草的神农，无不体现了中华文化中无畏的劳动精神，肯定了通过踏实、艰苦并且持续不断、持之以恒的劳动，一定能够获取新知、创造新生活、造福人类社会的决心，为劳模精神注入了艰苦奋斗的文化基因。在日出而作、日落而息，终年不绝的农耕社会的劳动实践中，中国人培养了"一粥一饭，当思来处不易；半丝半缕，恒念物力维艰"的勤俭节约传统；在朝代兴替中，古人总结出"历览前贤国与家，成由勤俭败由奢"的真知灼见，对劳动成果的珍惜态度培育了劳模精神中勤俭节约的精神。

2. 新民主主义革命时期：为革命献身、革命加拼命、苦干加巧干、经验加创新

中国的劳模最早诞生于土地革命战争时期中央苏区的公营企业和革命竞赛中，尔

后出现在抗日战争时期的陕甘宁边区大生产运动和各项建设中，解放战争时期又出现了大量的"支前劳模"和新解放城市中的"工业劳模"。这一时期的劳模主要包括生产好的劳动英雄和工作好的模范工作者两大类，他们来自农村、工厂、军队、机关、合作社、学校等地方，有退役残疾军人、妇女、青年、学生等不同身份的人民群众，分布在农业、工业、商业、纺织、运输、财政金融贸易、卫生保育、行政、保安、司法等多个领域，从事经济、军事、政治、文化等各项建设事业。其优秀代表人物主要有"边区工人一面旗帜"赵占魁、"兵工事业开拓者"吴运铎、"新劳动运动旗手"甄荣典、七一七团干出生产成绩列全边区之首"坚持执行屯田政策"的晏福生、"合作社的模范"刘建章等，他们以"新的劳动态度对待新的劳动"，积极参加义务劳动，全力支援前线斗争，带动群众投身中国共产党领导的人民解放事业。

这一时期的劳模运动经历了从个人到集体、从生产领域到各个方面、从上级指定到群众评选、从数量增多到质量提高、从提倡号召到按规定标准予以推广、从革命竞赛到全面的群众运动的发展过程，体现了"服务战争、支援军事"的指导思想和"为革命献身、革命加拼命、苦干加巧干、经验加创新"的劳模精神，呈现出"革命型"的劳模特征。

劳模评选极大地调动了军民斗争、生产、工作的积极性，引发了一场思想革命，在群众中首次树立了"劳动光荣、劳动致富"的劳动观念；不但推动了苏区、抗日根据地和陕甘宁边区生产、建设事业和各项工作的大发展，改善了军民的生活，提高了军事素质和工作效率，还创新了生产组织形式和工作方式，密切了军民关系、干群关系、党群关系，增进了劳动人民的团结，并为党领导下的新民主主义革命取得胜利、建立新中国做出了重大贡献。

边区工人一面旗帜

1896年赵占魁出生于山西省定襄县一个农民家庭。自幼家贫的他12岁给人当雇工、做苦力，17岁学铁匠，先后在太原铜圆厂当学徒、同蒲铁

劳模精神　劳动精神　工匠精神

路介休车站修理厂当火炉工。

1938年，日寇横行山西，赵占魁流落至西安，第二年5月来到延安。他在抗大二大队学习中认识到：自己的命运与中国共产党、与革命，是血肉相连分不开的，边区公营工厂是为抗战而生产的，工厂本身就是革命的财产，作为工人应当尽力爱护它。

1939年，陕甘宁边区开展大生产运动，抗大缺少工具，赵占魁提出开炉灶自己打。他召集几个工人，垒起3个炉子，仅用半个月时间，就打出200把镢头和300把锄头。随后，边区政府为发展生产，创办了农具工厂。赵占魁来到农具工厂，在翻砂股当化铁工人。

化铁是一项既艰苦又重要的工作，特别是在夏天，因为缺少专业的石棉工作服，赵占魁就身穿厚厚的棉衣代替。站在上千摄氏度的熔炉旁，他每天工作12个小时以上，却从没有叫过一声苦。在一次炼铜时，坩埚突然坏了，上千摄氏度的铜水一下倒在地上，溅在了赵占魁的右脚上，他的脚面立刻烧得焦黑一片。之后，中共中央职工运动委员会和延安各单位的同志到中央医院看望他，让他安心治病，可是他没等脚伤痊愈，就回到了工作岗位，还把各单位送的慰问金全部捐给了前线战士。

为了改进技术，提高产品质量，赵占魁潜心钻研，解决难题。刚开始炼铁，1斤（1斤=500克）焦炭只能化1斤铁，经过他反复试验，可以化到2斤半，成品的损耗率由过去的60%减少到25%。工厂化铜的罐子，是用坩土自制的，最初一个罐子只能化2~3次铜，经过赵占魁的几次改进，可以化到6次，使用率提高了一倍以上。

1943年和1944年，陕甘宁边区两次召开劳动英雄、劳动模范工作者表彰大会，赵占魁均被评为边区劳动英雄和特等劳动模范，受到了毛泽东、周恩来、朱德等中央领导人接见。朱德称赞他是用革命者态度对待工作的"新式劳动者"。

1944年5月，边区工厂职工代表大会发布《陕甘宁边区工厂职工代表大会宣言》，提出要发扬与坚持赵占魁运动。在此之后，赵占魁运动得到了更加广泛的开展。1950 年，赵占魁被授予"全国劳动模范"称号，并在随后先后担任西北军政委员会劳动部副部长、西北总工会副主席、陕西省总工会副主席。他在工作岗位上，始终保持着延安时期工人阶级的优秀品质，保持着劳动人民的本色，为社会主义事业尽心竭力、默默奉献。

案例分析

1942 年 9 月 11 日《解放日报》发表的《向模范工人赵占魁学习》的社论写道，赵占魁在执行生产任务上、爱护革命财产上、照顾工厂生产上、关心群众利益上、遵守劳动纪律上、团结全厂职工上、热心公益事业上，所有这些表现出来的精神，都是边区公营工厂工人的模范。在他的工作作风中，一贯表现出来的始终如一、积极负责、老老实实、埋头苦干、大公无私、自我牺牲的精神，也正是新民主主义地区公营工厂工人所应有的新的劳动态度。这种新的劳动态度是宝贵的，值得大大发扬的，值得学习的。

3. 社会主义革命和建设时期：艰苦奋斗、无私奉献

中华人民共和国成立后，工人阶级和广大农民实现了政治和经济上的"翻身"，获得了主人翁和当家做主的地位，他们心中充满了感恩和报效国家的劳动热情。为恢复发展国民经济，进行社会主义建设，党和政府坚持沿用了新民主主义革命时期的经验做法，依托社会主义劳动竞赛和生产运动开展了形式多样的劳模运动，评选出了成千上万的劳模和先进生产者。从 1950 年 9 月到 1960 年 6 月这 10 年间，是中国劳模快速发展壮大的时期，党和政府先后召开了 4 次大规模的全国性劳模和先进生产者代表大会，评选产生了一万多名劳模和先进工作者。这些劳模广泛分布在国民经济和社会建设的各个方面，既有生产能手、岗位标兵、技术人员、科学工作者，又有先进工作

者、优秀组织者和管理者,其典型代表人物有孟泰、华罗庚、钱学森、倪志福、张秉贵、时传祥、王进喜、赵梦桃等。在他们身上体现出的是社会主义理想和爱国主义的价值追求,其蕴含的劳模精神的内涵是"不畏困难、艰苦奋斗、自力更生、无私奉献、刻苦钻研、勇于创新、不怕牺牲、团结协作、爱岗敬业、多做贡献"。

中华人民共和国成立初期劳模队伍的迅速壮大及其具有的示范引领作用,为当时国民经济的恢复、社会主义建设在各条战线的起步与发展做出了重大贡献,在树立社会主义劳动观念、推广劳模经验、提高生产工作效率、提升组织管理协作水平方面发挥了重大作用。

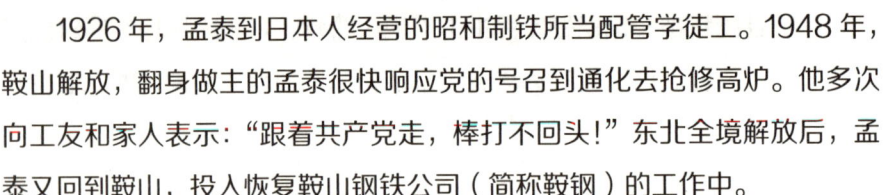

跟着共产党走、棒打不回头的高炉卫士

1926年,孟泰到日本人经营的昭和制铁所当配管学徒工。1948年,鞍山解放,翻身做主的孟泰很快响应党的号召到通化去抢修高炉。他多次向工友和家人表示:"跟着共产党走,棒打不回头!"东北全境解放后,孟泰又回到鞍山,投入恢复鞍山钢铁公司(简称鞍钢)的工作中。

当时的鞍钢,经历了日军和国民党军的反复破坏,几乎找不出一台完整的设备。不甘心让炼钢厂变成高粱地的孟泰,带领工友们跑遍十里厂区,从废铁堆中回收上万件修复高炉所需的零件设备,建起"孟泰仓库",不仅给高炉"起死回生"找到了"救命药",还给国家节约、储备了大批器材。

中华人民共和国成立后,孟泰以极大的热情投身生产工作。尽管已年过五旬,但干起活来还像个小伙子,在一、三号高炉点火的前前后后,孟泰干脆住进了工厂。孟泰善于发扬钻研精神,实践中他逐步摸索出一套"眼睛要看到,耳朵要听到,手要摸到,水要掂到"的工作规律及操作技术,被称为"孟泰工作法"。其中,"掂水"的功夫堪称一绝。高炉循环水出故障，孟泰只要把手伸到流淌的循环水水流中掭几下，就能找准病根，手到病除，同行们都称他为"高炉神仙"。

为了确保安全生产，孟泰提出"宁叫人找事故，不叫事故找人"的口号，总结出"保证不漏水、不漏风、不漏气"，以及"勤看、勤走、勤检查、勤修理"的"三保""四勤"制度。面对生产过程中出现的险情，孟泰的忘我精神同样闻名。在一次高炉事故中，孟泰发现一处炉皮钢板被烧穿，铁水与顺着炉皮流下的冷却水相遇，高炉随时有爆炸的可能。孟泰带领抢险的工友，果断地用铁板将水流引离炉皮，并在短时间内采取一系列处理措施，成功避免了一场炉毁人亡的恶性事故。孟泰奋不顾身、将生死置之度外的形象镌刻在工人心中，被大家尊称为"高炉卫士"。

孟泰曾被毛泽东同志称赞为"钢铁战线的老英雄"，多次被评为全国劳动模范。1967年9月，孟泰因病在北京去世。2019年中华人民共和国成立70周年，孟泰又被授予"最美奋斗者"称号。

案例分析

孟泰将毕生精力无私地奉献给了鞍钢，奉献给了钢铁事业，他为恢复鞍钢生产建设和发展我国钢铁工业做出了巨大贡献。作为鞍钢乃至全国工人的光辉典范，孟泰身上集中体现出了工人阶级爱厂如家、艰苦创业、自力更生的可贵精神。孟泰展现了20世纪50年代中国工人阶级的风貌，展现了这一时期劳模"一不怕苦、二不怕死"的硬骨头精神和"老黄牛"形象，以及"提高操作技能和熟练程度、提升技术水平和生产能力、提出合理化建议和总结推广先进经验、从生产型向技术革新型转变"的典型劳模特征。

4. 改革开放和社会主义现代化建设新时期：创先争优、实干至上

改革开放和社会主义现代化建设新时期，国家建设的重心转变为"以经济建设为中心"，广大劳动群众满怀劳动热情，积极投身于改革开放和社会主义现代化建设的伟大实践。这一时期劳模评选活动和劳模精神的弘扬，使"发展是第一要务、科学技术是第一生产力"成为全社会共识。以往所推崇的"老黄牛"一元化劳模形象悄然发生转变，树立了一批奋进型、技能型、管理型等多元化的劳模形象。劳模群体在构成上呈现出多样化的态势，表现在劳模群体年龄跨度大，覆盖老中青各个年龄层次；职业跨度大，劳模评选范围突破了单纯生产范畴，涉及一线工人、农民工、专家学者、教育工作者、高级技工、公务员、私营企业主、民营企业家、企业管理者、运动员等。随着人们对劳动认识的不断深化，劳动者的内涵不断丰富，特别是"知识分子是工人阶级的一部分"的论断使劳模队伍的外延更加扩大。

这一时期的劳模大致可以分为 3 种类型："蓝领专家"孔祥瑞、"专家型技术工人"窦铁成、"新时期铁人"王启明式的生产楷模；"两弹元勋"邓稼先、"知识工人"邓建军、"杂交水稻之父"袁隆平式的知识分子和科技人员；"人民公仆"孔繁森、"新时代雷锋"徐虎式的为民爱民、廉洁勤政的先进工作者。

典型案例

自学成才的"专家型技术工人"

全国劳动模范、第二批中国高技能人才楷模中国中铁一局电务公司电力工人高级技师窦铁成从一名只有初中文化程度的工人，成长为掌握现代电力施工技术的专家型工人，实现了由实干型工人向知识型工人的跨越，走出了一条自学成才、岗位成才之路。他先后主持安装大型铁路变配电所 53 个，解决施工技术难题超过 50 项，为所在企业创造和节约资金超过 1 400 万元。

窦铁成生于陕西省渭河边的一户农家。1979 年，23 岁的窦铁成通过招工考试，成为中铁一局一名电力工人。"一个人可以没有文凭，但不能

没有知识和技能。"只有初中文化程度的窦铁成,暗暗发誓要成为一名好电工。从此以后,他抓紧一切机会学习电工知识和技能。

每天干完工作后,窦铁成顾不上休息就凑到老工人身边,递工具、打下手,通过观察施工过程暗暗"偷师"。下班后,许多工友不是打牌就是喝酒,他却抓紧时间看图纸。深夜别人进入梦乡时,他还偷偷躲在被窝里学习。

"工人教授"窦铁成

从那以后,购买电工专业书籍成为窦铁成生活中的重要开销。《高等数学》《电工学》《电磁学》《电子技术》《电机学》……几十年间窦铁成记下了超过60本、100多万字的工作学习笔记。在年复一年的学习中,窦铁成的理论功底日渐扎实。

2002年,京珠高速公路开始修建,中铁一局电务公司承担了广东境内某标段的系统机电设备安装工程,窦铁成被"点将"前去增援。他和工友们查阅资料,对照说明书边学边干,很快完成了安装任务。

然而,就在进行交工送电前的空载实验时,意外发生了,一个变压器开关不断跳闸。窦铁成冷静地翻开图纸,通过对各种仪器的检查测试,大胆地提出,问题出在进口设备的设计环节。专门赶来的外国专家却坚持说,设备是国际最先进的,不可能出问题。然而,最后的检查结果验证了窦铁成的判断。外国专家竖起大拇指,连声称赞"中国工人了不起"。

从电磁保护到晶体管保护,从微机连锁保护到四电集成保护,从手工绘图到计算机制图,随着中国铁路电力变配电技术的升级换代,窦铁成以只争朝夕的精神和坚韧不拔的毅力,不断勤学苦干,不断充实着自己的知识库,逐渐成长为能独立主持大型变配电所施工的专家型工人。

2011年,已经年过半百的窦铁成依然保持着劳动者的本色,依然不知疲倦地转战于全国铁路、地铁的电务施工现场,并且在施工中不断创新工作方法。他说:"荣誉只能代表过去。掌声落下,礼服应叠起,勋章该珍藏,鲜花要放下。我就是个工人,只有在火热的工地上,我才能成为人民美好生活的创造者,我的人生才有价值。"

案例分析

窦铁成干一行、爱一行、专一行、精一行,带动群众锐意进取,积极投身改革开放和社会主义现代化建设,彰显了改革开放和社会主义现代化建设新时期劳模"创先争优、实干至上"的显著特征。这一阶段的劳模精神营造出"敢打敢拼、能闯能干"的社会氛围,勾勒出"时代弄潮儿"引航改革开放和社会主义现代化建设新时期中国经济社会发展的新轨迹。

5. 中国特色社会主义新时代:开拓创新、人民至上

Web3.0大互联时代和人工智能时代的到来,改变着人们的生产方式、思维方式和交往方式。而以习近平同志为核心的党中央在世界百年未有之大变局和实现中华民族伟大复兴的时代背景下,赋予了劳模精神新的时代内涵。习近平总书记在多次讲话和多个场合中阐述了劳模的历史功绩和时代价值。劳动模范是"坚持中国道路、弘扬中国精神、凝聚中国力量的楷模",是"劳动群众的杰出代表,是最美的劳动者",是"民族的精英、人民的楷模,是共和国的功臣"。在实现中华民族伟大复兴的中国梦的道路上,劳模精神"丰富了民族精神和时代精神的内涵","生动诠释了社会主义核心价值观",是"伟大时代精神的生动体现",是"中国精神的生动体现,鼓舞全党全国各族人民风雨无阻、勇敢前进的强大精神动力"。

这个时代的劳模大致可以分为3种类型:"中国舰载机之父"罗阳、"九天揽星人"孙泽洲式的科技型劳模;"焊接巧匠"高凤林、"深海钳工第一人"管延安、"铁路小巨人"巨晓林式的工匠型劳模;"活着的孔繁森"杨善洲、"贫困群众的亲闺女"刘双燕、

"当代愚公"黄大发式的服务型劳模。他们在实现中国梦伟大进程中拼搏奋斗、争创一流、勇攀高峰,在决胜全面建成小康社会、决战脱贫攻坚中发挥了主力军作用,为疫情防控取得重大决定性胜利做出了突出贡献,用智慧和汗水营造了劳动光荣、知识崇高、人才宝贵、创造伟大的社会风尚,谱写了"中国梦·劳动美"的新篇章。"他们在平凡的岗位上创造了不平凡的业绩,以实际行动诠释了中国人民具有的伟大创造精神、伟大奋斗精神、伟大团结精神、伟大梦想精神。"

"远征火星"的全国劳动模范

"天问一号"探测器于 2021 年 5 月 15 日成功软着陆火星表面,这是一场漫长的等待,也是壮怀激烈的远征。从 2020 年 7 月 23 日成功发射升空,到 2021 年 5 月择机着陆火星,天问一号在太空经历了长达 9 个月的茫茫旅程。在这期间,"天问一号"火星探测器总设计师,全国劳动模范孙泽洲和他的团队每天都在不间断地监测着它的工作状态。

"天问一号"火星探测是中国第一次真正的行星探测,其难度不言而喻,对于孙泽洲而言,他已经不是第一次掌舵如此突破性的项目。此前,嫦娥三号和嫦娥四号也都是孙泽洲与团队的成果。"嫦娥一号'进场'的时候,我 30 多岁;嫦娥三号'进场'的时候,我 40 多岁;天问一号发射的时候,我就跨入 50 岁了。"作为"70 后"的孙泽洲,在年轻的中国航天团队中是一员"老将"。2016 年,中国火星探测任务和嫦娥四号探测器任务分别正式立项,孙泽洲被任命为两大探测器的"双料"总设计师,一面飞"月球",一面奔"火星"。

从"探月"到"探火",距离从 38 万千米一下子"跨越"到 4 亿千米。要一次实现"环绕、着陆、巡视"三大目标,不仅起点高,难度更大。

尽管前方难题重重,但越是巨大的挑战,越能产生重大的跨越,孙泽洲在过去 20 多年当中，对这个信念愈发坚定，"越是难走的路，越想走一走"。在多年的研究攻关中，大大小小的问题遇到过不少。孙泽洲说，自己解压的方式，是把"拦路虎"写出来，再逐步分解，每一项到底有多少个环节和问题，排出轻重缓急。"其实经历的困难越多，你的信心就越强，对压力的承受能力也就越强。"在深空探索尤其是火星探测中，人类经历了太多的失败。火星之旅长达 9 个月，而降落在火星表面的 7~10 分钟，却是整个任务的关键点，直接决定着任务的成败。孙泽洲表示，火星"出远门"肯定有很多意想不到的事情，为准备火星"着陆和巡视"，团队也做足了准备。在沙漠戈壁，他们寻找模拟火星环境的场景，做了一个月的测试；在内蒙古，他们在空旷的草原做空投试验；在河北和北京大兴，他们也待了两个多月，测试探测器的避障等能力。

孙泽洲介绍，天问一号采用了独创的"弹道升力式＋配平翼"的混合方案进入火星大气层，复杂程度高，但适应性、鲁棒性更好。"虽然我们是第一次奔赴火星，但我们采用了新技术，跟美国当前最先进的技术是同等水平。"孙泽洲自信地表示。孙泽洲说，"探火"将带动深空探测技术的发展和相关人才的培养，"除了将天问一号发射入轨，到达火星的任务，我们其实还有一个目标，就是要构建独立自主的深空探测的基础工程体系"。"随着我们技术的进步，太空采矿、月球火星等原位资源利用，甚至火星移民等现在看来可能觉得太科幻的构想，未来有一些都将逐渐落地变为现实。"

"天问一号"着陆器和巡视器

"开拓创新、人民至上"是新时代劳模的显著特征。从探月工程到火星探测，孙泽洲是在国家建设中，争当开拓者的无数劳动群众的杰出代表，攻坚克难，接续奋斗，见证了中国航天事业从弱到强的艰难历程，这异常艰辛的攻坚之路背后凝聚着中华民族对于自主创新的不懈追求，对于攀登世界科技高峰的强大信心与力量。"中华民族伟大复兴，绝不是轻轻松松、敲锣打鼓就能实现的，实现伟大梦想必须进行伟大斗争。"实现关键核心技术重大突破，不断增强科技实力和创新能力，努力在世界高技术领域占有重要一席之地，才能在日趋激烈的竞争中把握主动，赢得未来。

三、劳模精神的时代价值

劳模精神作为伟大时代精神的生动体现，印证着社会发展的变迁，也体现着一个民族的思想精华，代表了一个时代的文化符号。在当前实现中华民族伟大复兴中国梦的新时代背景下，劳模精神有着更重大的时代价值。

1. 劳模精神是民族精神和时代精神的生动体现

习近平总书记深刻指出，劳模精神是以爱国主义为核心的民族精神和以改革创新为核心的时代精神的生动体现，是鼓舞全党全国各族人民风雨无阻、勇敢前进的强大精神动力。

劳模精神是民族精神的重要组成部分。一方面，劳模精神是民族精神核心要素的集中体现，既体现了以爱国主义为核心的团结统一、爱好和平、勤劳勇敢、崇德尚礼、公而忘私的民族情怀，又体现了知行合一、自立自强的人生追求。另一方面，劳模精神是民族精神创新发展的重要推动力量，始终与时俱进，创新丰富了民族精神。一代又一代劳模，用自己的辛勤劳动、诚实劳动和创造性劳动，为民族精神注入新能量，不断丰富着民族精神的博大内涵。

劳模精神是时代精神的生动体现。一方面，劳模精神具有鲜明的时代特征，是时代精神的生动体现。作为一种文化精神，劳模精神不是一成不变的，而是实践的、创新的、鲜活的、生动的存在，随着国家意识形态、经济社会形势和时代变迁而不断演变发展。另一方面，劳模精神推动了时代精神的发展，丰富了时代精神的内涵。在劳模的创造性实践和不断探索中，激发出蕴含着自主性、首创性、先进性元素的劳模精神，呈现着社会进步的发展方向，不断为时代精神注入新能量、新内涵。

2. 劳模精神是培育时代新人的重要手段

劳模精神，是一种起于平凡的不平凡精神，反映的是一个民族在某一个时代的理想追求和价值取向。习近平总书记在给中国劳动关系学院劳模本科班学员的回信中指出："用你们的干劲、闯劲、钻劲鼓舞更多的人，激励广大劳动群众争做新时代的奋斗者。"劳模精神，作为社会主义核心价值观的生动体现，更容易为人们所接受，更方便为人们所模仿，更能给广大职工群众带来精神上的感染和鼓舞。弘扬劳模精神就是树立起一面旗帜、标示出一种导向。通过强化教育引导、舆论宣传、文化熏陶、实践养成、制度保障，激发广大劳动者干事创业的积极性、主动性和创造性，培养知识型、技能型、创新型新时代劳动者，鼓励劳动者把自己的劳动岗位作为创造人生价值的最佳平台，向劳动模范学习、向先进人物看齐，大力弘扬工人阶级伟大品格，自觉践行社会主义核心价值观，争当全面深化改革、推动科学发展、促进社会和谐的时代先锋，努力在本职岗位上，以劳动创造助力经济社会快速发展，用劳模精神托起新时代"梦想成真、人生出彩"的追求，造就一批批具有劳模精神的时代新人。

3. 劳模精神是文化自信的重要支撑

文化自信是一个国家、一个民族发展中更基本、更深沉、更持久的力量。没有高度的文化自信，没有文化的繁荣兴盛，就没有中华民族伟大复兴。技能人才作为人数众多的社会群体，在文化建设中发挥着不可替代的作用，技能人才的自豪感构成了当代中国文化自信的基础，没有广大技能人才的文化自信，当代中国文化自信将不可能真正实现。

作为广大劳动者当中优秀分子代表的劳动模范，他们身上孕育和凝聚的劳模精神，植根于中华民族劳动过程特别是中国特色社会主义伟大实践，充分继承并发展了中华优秀传统文化和社会主义先进文化。劳模精神以先进思想的武装、共同理想的激励、民族精神的传承、时代精神的塑造、价值观念的培育，彰显了劳动文化的先进性，集中体现了社会主义核心价值观的基本要求，是建设中国特色社会主义的强大精神支柱和宝贵财富，是中国特色社会主义文化的重要组成部分。弘扬和践行劳模精神，就要自觉地承担起用先进劳动文化引领社会进步的责任，用劳模精神引领社会思潮，促进和推动社会发展进步，促进中国特色社会主义文化繁荣发展。

4. 劳模精神是实现伟大复兴中国梦的重要力量

一个民族要前行、一个国家要富强，离不开推动其持续发展的不竭动力。要实现中国梦，我们不仅要在物质上强大起来，而且要在精神上强大起来。劳模精神既代表着一个时代的价值观、道德观和精神风貌，更是国家发达和民族兴旺的强大动力。当前，我国进入新的历史发展阶段，经济体制、社会结构和利益格局正在发生深刻变革与调整，劳动群众的价值观念日益呈现出多元、多样、多变的特点。因此，我们需要在全社会弘扬和践行劳模精神，营造尊重劳动、尊重知识、尊重人才、尊重创造的社会氛围，涵养以辛勤劳动为荣、以好逸恶劳为耻的社会风气，培育积极健康、开放包容的社会心态；需要用劳模品质来感召劳动群众，用劳模精神来引领劳动群众，不断增强广大劳动群众的自信心和自豪感，推动广大劳动群众在劳动岗位做出更多的贡献，实现更大的社会价值。让"辛勤劳动、诚实劳动、创造性劳动"成为社会普遍认同的价值遵循，让"劳动光荣、创造伟大"成为时代强音，用劳模精神激励全国各族人民应对前进中的挑战和机遇，团结奋斗、战胜苦难并勇往直前，为中国经济社会发展汇聚强大正能量，为实现中华民族伟大复兴中国梦增砖添瓦。

小结与思考

劳模精神根植于中国共产党领导人民不懈奋斗的伟大实践中，是以党和国家选拔出来的劳动模范身上所体现的先进思想及优秀品质为主要内容，随着时代变迁不断丰富发展所凝练出的一种精神力量，是对中华优秀文化和伟大民族精神的生动诠释。劳模精神作为伟大时代精神的生动体现，印证着社会发展的变迁，也体现着一个民族的思想精华，代表了一个

劳模精神　劳动精神　工匠精神

时代的文化符号。在当前实现中华民族伟大复兴中国梦的新时背景下，劳模精神有着更重大的时代价值。

以下问题值得我们探究与思考。

1. 请思考不同时期的劳模精神给我们的启迪是什么。
2. 请阐释劳模精神的形成和发展过程。
3. 新时代劳模精神的意蕴和时代价值是什么？

第 2 节 理解劳模精神

核心要素

劳模精神的特征
劳模精神的内涵

　　劳模精神是对劳动模范高尚行为的提炼与概括，反映劳动模范在生产实践中的职业素养、职业能力与道德品质。劳模精神孕育于新民主主义革命时期，成长于社会主义革命和建设时期，繁荣于改革开放和社会主义现代化建设大潮，绽放于中国特色社会主义新时代。劳模精神是真实反映中国劳动者意愿、体现社会进步需求的精神品格，是中国民族精神与社会主义核心价值观的重要组成部分，也是中国共产党人精神谱系的重要内容。劳模精神具有厚重的历史特色、深刻的理论意蕴、强大的实践力量和鲜明的时代特征。

一、劳模精神的特征

　　劳模精神的主体是劳动模范，劳动模范来自热爱劳动、勤于劳动并善于劳动的劳动者。不同行业和领域的劳动模范所从事的职业千差万别，但他们身上所蕴含的精神力量具有同一性。纵观各个历史时期，劳模精神具有政治性、示范性和时代性 3 个特征。

1. 政治性

　　劳动模范的评选和表彰是我国特有的一项制度，与党的事业同步发展。新民主主义革命时期，在革命文化的熏陶下，一批批劳动英雄、模范人物涌现，并逐步凝聚出革命时期的劳模精神。"劳模运动"对当时解放区的经济发展和抗日战争起到了重要的支持作用。这一时期所孕育的劳模精神以发展生产、服务战事、支援前线为使命，促进了革命根据地物质生产，密切了军民关系，为夺取新民主主义革命胜利、建立中华人民共和国做出了极大贡献。

中华人民共和国成立不久，全国工农兵劳动模范代表会议不仅表彰了400多位劳动模范，而且决定"要把评选劳模形成固定的制度"。这一时期的劳模精神极大地发挥着为社会主义建设做贡献的示范引领作用，为恢复国民经济、落实各条战线上的社会主义起步建设奠定了重要物质与思想基础。改革开放后，随着科技水平的不断进步，计划经济向社会主义市场经济转型，我国的社会生产方式发生了历史性飞跃，劳模评选以创造经济效益、提升科技实力、服务社会发展、创造民族价值为标准，劳模精神为建设小康社会、建设社会主义现代化国家提供了重要精神力量。从1995年开始，全国劳动模范和全国先进工作者表彰大会固定为每5年召开一次，且表彰年份与同时期五年规划的收官之年重合。

党的十八大以来，党和国家高度重视劳模精神在我国经济社会转型升级、构建和谐劳动关系、贯彻落实新发展理念中所发挥的重要作用。劳动模范的评选、表彰与国家政治、经济、社会等各方面稳步发展的时代背景密不可分。党和政府对劳动模范的表彰规范化、制度化，使得劳模精神处于国家主流意识形态中，成为社会精神的风向标。劳模精神是始终贯穿在中国革命和建设中的强大正能量，是社会主义国家建设不可或缺的精神财富。

劳动模范听从党的召唤、服从党的指挥，具有无限忠诚、信念坚定、胸怀全局、爱党爱国的政治素养，有着强烈的政治性。劳模身上所体现的对党和人民事业无限忠诚、对理想信念始终如一的价值观念和行为规范，为中国共产党的先进性和纯洁性做了人格化的诠释。"爱岗敬业、争创一流，艰苦奋斗、勇于创新，淡泊名利、甘于奉献"的劳模精神寄托了党和国家对中国特色社会主义建设者的能力期待、道德期待和政治期待，熔铸在中国共产党人的精神谱系中，成为引领时代风尚的精神高地。

2. 示范性

劳动模范来自人民群众，是广大劳动者中的骨干和佼佼者，他们立功受奖后，回到群众中，用自己的实际行动树立威信，发挥示范带头作用，培育和影响着更多的劳动者争先创优。新民主主义革命时期,瑞金中央苏区开展春耕生产运动,中华苏维埃共和国临时中央政府通过总结春耕运动经验,评选"春耕模范",掀起农业生产竞赛高潮,促进了苏区农业生产发展。延安军民大生产运动中,涌现出"边区工人一面旗帜"赵占魁、"兵工事业开拓者"吴运铎等一大批劳动英雄,边区政府隆重表彰劳动英雄和模范工作者,并在报刊宣传他们的事迹,营造学先进、赶先进、当先进的浓厚氛围。劳动模范人物以"新的劳动态度对待新的劳动",极大的劳动热情、丰富的劳动创造、无私的劳动奉献,汇聚成推动时代前进的强大精神动力,为打破经济封锁、进行革命根据地建设做出了突出贡献。在劳模精神的鼓舞下,更广大的群众被动员起来,自力更生、艰苦奋斗,自觉自愿地投入生产建设中,他们不断学习劳动模范先进的生产技术、无私的奉献精神。

社会主义革命和建设时期,劳模精神伴随着铁人王进喜等劳模形象深入人心,以"硬骨头精神"和"老黄牛精神"为形象的劳模精神体现典型"建设性"特征,即"艰苦奋斗、自力更生、不怕牺牲、多做贡献",影响了一代又一代人。

进入新时代,劳动模范带领亿万劳动者投身于中国特色社会主义伟大事业的新征程,"劳动最光荣、劳动最伟大、劳动最崇高、劳动最美丽"成为时代最美的音符。每一位劳动模范背后,都有一段动人的故事。劳模精神是教育、引导和激发广大劳动群众积极性、主动性和创造性的强大精神力量。不一定每一位劳动者都能够成为劳动模范,但可以学习他们所具有的劳模精神,热爱自己的岗位,全身心地投入整个劳动过程中,即所谓的干一行、爱一行、钻一行,结果必然是能专一行、精一行。

3. 时代性

劳模精神是时代的产物,同时也是指引时代前进的精神符号。不同时期的劳模代表着一个时期的社会发展方向。劳模精神在实践中不断丰富发展,显示出不同的时代特征。在新民主主义革命时期的劳动竞赛、革命竞赛中,劳模精神逐渐萌发,初现"争创一流、艰苦奋斗"的精神内涵。社会主义革命和建设时期,为提高社会生产率,在生产和技术革新中逐渐锻造出"老黄牛精神"和无私奉献的牺牲精神。改革开放推动了中国特色社会主义事业的伟大飞跃,赋予了劳模精神新的特点和新的时代内涵,"争创一流、勇于创新"的内涵在推行中得到落实。一代又一代劳动模范勤学技术、苦练本领,执着专注、追求卓越,影响和激励着广大劳动者。随着进入中国特色社会主义新时代,劳模精神被赋予了新内涵。习近平总书记在给中国劳动关系学院劳模本科班学员的回信中指出:"社会主义是干出来的,新时代也是干出来的。"新时代

劳模精神　劳动精神　工匠精神

劳模精神以干劲、闯劲和钻劲作为价值引领，劳动模范带动广大劳动者在社会主义现代化的新征程中，争做新时代的奋斗者，这是实现中华民族伟大复兴中国梦最重要的保证。

穿越时代变迁，无论是风雨苍茫的战争年代，还是飞速发展的建设时期，劳模精神都代表着一个时代的价值观，展示了中国工人阶级顽强拼搏、自强不息的崇高品格，体现了与时俱进、开拓创新的精神风貌。

二、劳模精神的内涵

2005年，全国劳动模范和先进工作者表彰大会首次将劳模精神的科学内涵以24个字表述出来，即"爱岗敬业、争创一流，艰苦奋斗、勇于创新，淡泊名利、甘于奉献"。这既是对新时代劳模精神科学内涵的明确概括，也是对我国工人阶级与广大劳动群众以勤奋劳动推动实现"两个一百年"奋斗目标的殷切厚望。劳模精神是劳动模范之所以能在广大劳动者群体中脱颖而出的根本原因。做一个守本分、有追求、讲作风、担使命、有境界、有修为的人，是每一位劳动模范的精神风范，更是每一位劳动者应该追求的目标。

1. 爱岗敬业

爱岗是热爱自己的工作岗位，热爱自己的本职工作。敬业是以一种严肃的态度对待自己的工作，勤勤恳恳、兢兢业业，忠于职守、尽职尽责。爱岗和敬业互为前提，相辅相成。爱岗是敬业的基石，敬业是爱岗的升华。

作为一种职业道德，爱岗敬业蕴含了职业人对社会分工的必要性和现实性的尊重。我国早在《礼记·学记》中就明确提出了"敬业乐群"，南宋朱熹提出"敬业者，专心致志以事其业也"。习近平总书记指出："劳动没有高低贵贱之分，任何一份职业都很光荣。""广大劳动群众要立足本职岗位诚实劳动。无论从事什么劳动，都要干一行、爱一行、钻一行。"爱岗敬业精神是劳模精神的基础。尽管时代变迁，但以劳动模范为代表的工人阶级始终以自觉的主人翁责任感，以强烈的事业心、勤勉的工作态度、旺盛的进取意识、无私的奉献精神保持和发扬了爱岗敬业的光荣传统，成为推动时代前进的强大动力，为我国社会主义建设做出了卓越的贡献。

燃气战线上的"螺丝钉"

田学磊,1982年生,天津市人,中共党员,天津市津燃华润燃气有限公司工会副主席,津燃华润燃气有限公司宝坻分公司综合服务网点站长,先后荣获全国劳动模范、全国技术能手等称号。2006年,田学磊进入了天津市津燃华润燃气有限公司,正式成为一名燃气调压工人。工作之初,他为了尽快熟悉业务、掌握技术,不管站里有什么活儿,派给了谁,路途多远,都主动跟着去,积极向老师傅们请教,争取每一次锻炼的机会,认真总结摸索工作的方法和门道。一段时间后,他的综合技能有了明显的进步。为了熟悉管网设施运行情况,他还利用自己是当地人的优势,一点一滴收集用户信息,统计安检记录、报修情况等信息,形成了一份独特的用户管理台账。

田学磊先后在维修、安检、巡线、内勤、核算、库管、副站长、站长8个岗位上任职。无论身在哪个岗位,田学磊都抱定了"干一行、爱一行、钻一行、专一行"的决心,努力把自己打造成为燃气战线上合格的"螺丝钉"。

田学磊在更换燃气调压柜压力表

劳模精神　劳动精神　工匠精神

2016年，他接受组织安排，前往静海区煤改燃一线进行支援。刚到静海老城区煤改燃现场时，一些燃气管道在打压过程中出现漏点需要修复，通气点火计划被迫顺延一周，对此一些用户非常不理解并且情绪激动。通过调查走访，他发现部分用户为了安装天然气采暖设备，已经拆除了原来的燃煤暖气。眼看天气越来越冷，他先协调施工队加派人员连夜抢修，又调整通气计划，重新分配点火任务，和同事们加班加点、夜以继日，终于在3天内安全地为100多户居民送上了清洁能源。

案例分析

田学磊始终尽职、尽责、尽心，坚守让组织放心、用户满意的初心。他从平凡的、琐碎的小事做起，本着对工作负责任的态度，干一行、爱一行，无论身在哪个岗位，都努力把自己打造成为一颗合格的"螺丝钉"，全身心地投入本职工作。田学磊螺丝钉般的爱岗敬业精神，不仅使自身实现了从普通到优秀的蜕变，也在平凡的岗位上为企业、为社会、为国家做出了不平凡的贡献。

2. 争创一流

争创一流是当代劳动模范具有竞争力、战斗力和爆发力的精神源泉，是当代劳动模范以高标准、高目标要求自我的高尚情操。广大劳动模范在工作中不断强化自身竞争意识，善于"比"，敢于"拼"，勇立时代潮头，争当各个行业和岗位的排头兵，努力做出一流业绩，产出一流产品，创造一流成果，提供一流服务，在更高起点上实现更好的发展，担当起时代赋予的重任。

劳模精神所彰显的争创一流的品行，是一种"一往无前的闯劲、不畏艰难的拼劲、百折不挠的韧劲和争先创优的干劲，是干大事、创大业的意识，是攻坚克难的胆识，是自我超越、开拓进取的精神"。

争创一流是走在时代前列的刻度和标志，是积极向上的精神风貌和工作态度，是立足岗位的目标取向。它可以内化为每个人的工作动力之源。孔子曰："取乎其上，得乎其中；取乎其中，得乎其下；取乎其下，则无所得矣。"不论对待职业目标，还是人生规划，一定要志存高远，并为之努力奋斗，才有可能登峰造极。制定争创一流的高目标有利于激发人的动力和斗志，我们在工作中要有争创一流的魄力，不干则已，干就干好，干出成效，干出亮点。

典型案例

干就干一流　争就争第一

许振超，生于1950年，山东省荣成市人，山东港口青岛港前湾集装箱码头有限责任公司工程技术部固机高级经理，是新时期产业工人的杰出代表之一，曾荣获100位新中国成立以来感动中国人物、全国优秀共产党员、改革先锋、最美奋斗者、中国高技能人才楷模、全国五一劳动奖章、全国道德模范等荣誉称号。1984年，34岁的许振超被选为青岛港第一批集装箱桥吊司机。桥吊司机的工作是在四五十米的高空仅凭左右手控制操纵杆，指挥吊具升降、前进和后退，在集装箱里"穿针引线"。仅有初中文化的许振超立足本职，干一行、爱一行、精一行，练就了"一钩准""一钩净""无声响操作"等绝活，并亲手带出"王啸飞燕""显新穿针"等一大批工人品牌。

"干就干一流，争就争第一"是许振超的座右铭。2003年4月27日，在"地中海法米娅"轮的装卸作业中，振超团队创造了每小时单机效率70.3自然箱和单船效率339自然箱的世界集装箱装卸纪录。此后，他们又先后9次刷新集装箱装卸世界纪录，使"振超效率"成为港航界的一块"金字招牌"，也成为中国港口领先世界的生动例证。

经过改革发展，港口生产方式实现了由劳动密集型向技术密集型的重大转变。在这一过程中，许振超始终有着明确的人生追求："咱当不了科

劳模精神　劳动精神　工匠精神

学家，也要练就一身'绝活'，做个能工巧匠，无愧于时代，无愧于港口的培养。"经过多次试验，他在冷藏集装箱上加装了节电器，全年节约电费600万元；他领衔组织实施了轮胎吊"油改电"技术改造，填补了技术空白，年节约资金2 000万元以上，噪声和尾气排放接近于零。

如今的许振超，仍经常在青岛港"许振超大师工作室"里和新一代码头工人，围绕自动化集装箱码头技术开展创新工作，"我们不要'差不多'！要干就尽力做到极致，争取世界领先！"

案例分析

"不服输"是许振超的"成长密码"，他善于"比"，敢于"拼"，练就了领先世界的"振超效率"。高尔基说，一个人追求的目标越高，他的才能就发展得越快，对社会就越有益。许振超树立了争创一流的目标，促使他创造了世界一流的工作效率。

最美奋斗者许振超

3. 艰苦奋斗

古人云："俭，德之共也；侈，恶之大也。"艰苦奋斗是指为实现既定的目标而勇于克服艰难困苦、顽强奋斗、百折不挠、自强不息、居安思危、戒奢以俭的精神和行动。其内涵表现在两个层面：在物质层面上是指勤俭节约，克服安逸享受的思想；在精神层面上是指不畏艰难困苦、锐意进取、坚韧不拔、奋发有为的精神状态和行为品质。

艰苦奋斗是中华民族的优良传统，中华民族向来以吃苦耐劳和勤俭持家、讲究节俭著称于世。中国共产党争取民族解放和独立的斗争史，就是一部艰苦奋斗的创业史。过去党靠艰苦奋斗、勤俭节约不断成就伟业，现在我们仍然要用这样的思想来指导工作。习近平总书记指出："不论我们国家发展到什么水平，不论人民生活改善到什么地步，艰苦奋斗、勤俭节约的思想永远不能丢。艰苦奋斗、勤俭节约，不仅是我们一路走来、发展壮大的重要保证，也是我们继往开来、再创辉煌的重要保证。"

奋斗是人生不变的主题，吃苦是成功必经的过程。当代劳动模范正是靠着艰苦奋斗的精神，攻破一道又一道难题，取得了一个又一个伟大成就。唯有不断奋斗，我们才能越来越靠近自己的理想目标。

4. 勇于创新

创新是人类特有的认识能力和实践能力，是人类主观能动性的高级表现形式。创新是以新思维、新发明和新描述为特征的一种概念化过程，主要包含3层含义，即更新、创造、改变。创新的本质是突破，创新的核心是"新"，创新的内涵相当广泛，包括技术创新、产品创新、观念创新、思路创新、制度创新、管理创新和能力创新等。

勇于创新是一个民族进步的灵魂，是事业发展的不竭动力。习近平总书记致首届全国职业技能大赛的贺信中指出："技术工人队伍是支撑中国制造、中国创造的重要力量。"创新发明不是高学历、高职称的专利，只要肯钻研，普通人也能创新。国家科技进步奖二等奖获得者、全国发明展览会银奖获得者、德国纽伦堡国际发明展银奖获得者——武汉钢铁（集团）公司机械工人曹雁来，用智慧和汗水写下了一道神奇的创新等式："技术创新需要与设备交朋友""其实技术诀窍就是简单的岗位操作，天天练，反复用，千百次的重复就成为你的技术诀窍"。只有激励更多劳动者特别是青年一代走技能成才、技能报国之路，建设一支又一支知识型、技能型、创新型劳动者大军，才能为创新创造提供雄厚的人力资源保障。

劳模精神　劳动精神　工匠精神

从农民工到专家职工

　　巨晓林，男，汉族，1962年9月生，陕西省岐山县人，2008年9月加入中国共产党，1987年3月参加工作，高中学历，高级技师，全国创先争优优秀共产党员，全国劳动模范，全国五一劳动奖章获得者，中华技能大奖获得者。巨晓林身上总带着三件宝：图纸、工具书、笔记本。有一年中秋节，工地放假半天，他和工友们出去逛街采购生活用品，同伴走着走着却不见了巨晓林踪影。大家一边喊他、一边找他，只见巨晓林正蹲在一个摩托车修理摊位前看人修车，向修车师傅请教汽油机的工作原理。跟他同住一个宿舍的工友回忆起那时的情景，感慨万千："老巨学技术那叫玩命，每天他比别人早一个钟头起床，晚一个钟头睡觉。不管多么辛苦，他一点都不放松。他的枕头下面藏着一个小闹钟，他恨不得一天当成两天用。"巨晓林淡然一笑："在那个年代，我一个农家子弟能找到这样的工作很不容易，所以，我非常珍惜和热爱这份来之不易的工作机会，从一开始就暗暗下决心要干好。"巨晓林就是凭借这股钻劲，攻破了一个个难题。他白天在施工中跟着师傅学，晚上放下饭碗又撵着师傅问，就连师傅喝茶聊天的时候，他也蹲在一旁，不厌其烦地问些接触网安装的技术要领。至今，他记了几十本读书笔记和施工日志，熟练掌握了接触网上下部施工技能，并具有解决接触网施工中的复杂问题和指导本工种高级工技能操作的能力，成为全国铁路电气化施工行业出类拔萃的能工巧匠。

　　参加工作以来，巨晓林先后参加大秦线、京郑线、京沪线、京秦线、哈大线、石太线等几十项国家铁路重点工程建设。他先后研发和革新工艺工法43项，创造经济效益600多万元；他编撰的《接触网施工经验和方法》一书，在被称为我国电气化铁路建设"国家队"的中铁电气化集团中作为职工职业技能教育教材被广泛使用，并作为实用型工具书配发给每一位接触网工指导施工作业。

案例分析

巨晓林对工作发自内心地热爱,几十年如一日地把工作当事业,把付出当追求,拼搏奋斗、进取创新,实现了从一名农民工到专家职工的跨越,造就了闪光的人生。他说:"干得好,才能受尊重;有本事,就有地位。只有对企业忠诚热爱,才能有超常发挥。爱能创造希望,爱能实现人生梦想!"当前,我国已是工业大国,但还不是工业强国。只有真正成为创新型国家,"中国制造"才具有更强的国际竞争力。让创新的火花闪烁,时代呼唤更多的巨晓林!

5. 淡泊名利

"淡泊明志,宁静致远。"淡泊名利是中华民族的传统美德,是做人的崇高境界。内心淡泊有静气,才能以宽阔的胸襟从容地面对得失进退。劳动模范的业绩与淡泊名利的崇高精神密不可分。许多劳动模范几十年如一日,默默耕耘、奋斗不息。他们更在意自己对国家和社会的贡献,淡泊自己的名利。只有把功利思想放下,以平常心对待"名",以淡泊之心对待"位",以知足之心对待"利",以敬畏之心对待"权",以负责之心对待"事",才能一心考虑如何办好实事,从而在自己的岗位上发挥最大价值。

6. 甘于奉献

"甘于"是指愿意、乐意、情愿;"奉"是指给予;"献"是指不求回报。甘于奉献是指为了维护社会集体或他人利益,个人能够自觉地让渡、舍弃自身利益的高尚品格。奉献是一种美德,奉献是不计报酬的自愿付出。我为人人是奉献的实质,自我牺牲是奉献的核心。

托尔斯泰说:"人生的价值,并不是用时间,而是用深度去衡量的。"只有将自身的命运和祖国的命运紧密相连,在为国家富强、民族复兴的过程中奉献自己的力量,才能体现生命的真正意义。"尽吾志也,可以无悔矣。"每个人的社会分工不同,能力大小各异，但只要甘于奉献，都能够为国家和人民做出不平凡的贡献。

"大眼睛"护士在金银潭留下"天使印记"

"说星星漂亮的人，是因为没有看过护士的眼睛。"武汉金银潭医院病人眼里的"大眼睛天使"，名叫陈贞。她是华东医院外科重症监护室护士长、上海第一批援鄂医疗队队员。

工作中，戴着口罩的她，一双温暖而刚毅的"大眼睛"给人印象深刻，让许多一时还不知道她名字的病人，都亲切地称呼她为"大眼睛"护士长。

小年夜，当听到医院需要派员驰援武汉的消息时，陈贞是护理人员中第一个报名的。大年夜的暮色时分，陈贞匆匆赶回家中准备年夜饭。但第一批出征的命令提前了，为一家人准备的年夜菜还炖在煤气灶上。同是医务人员的爱人也还在医院值守，时间紧迫，顾不得犹豫。对正在备战高考的儿子简短叮嘱了几句，陈贞就拿起行李出发了。本应阖家团圆的一顿年夜饭，只留下了儿子一人"独享"。

子夜时分，援鄂医疗队到达武汉。经过短暂又紧张的各项培训，陈贞即刻投入武汉收治新型冠状病毒感染（曾用名，新型冠状病毒肺炎）患者最多的定点医院——金银潭医院 ICU 病房的工作。此时此刻，她又多了一个新的身份——第一批援鄂医疗队临时党总支第七党支部书记。

进驻后，陈贞所在的金银潭医院三楼 ICU 病区有 6 个病房。作为党支部书记、护士长，她把挑战留给了自己。一人负责 2 个病房 6 名患者，其中还包括 3 名重症患者。这样的护理量对于常规监护室配比都算是一个极限的安排，更何况还是在传染隔离监护病区里。然而，陈贞需要面对的挑战绝不止这一个，为防止院内感染和病毒外泄，原本由护工承担的工作,全部压在了护士身上。除了做好医疗护理,还有繁重的生活护理。给病人喂水喂饭,更换尿不湿,处理便溺、剩菜剩饭等都必须按照流程严格处理。

挑战还在不断考验着陈贞和她的队友们。为了防控消毒的需要,在武汉夜晚跌破冰点的温度下,病区不能开启空调暖风。为了尽可能节约使用防护服,喝水、上厕所的时间只能一等再等。面对病区中28名中重症确诊患者,陈贞带领护理团队的姐妹每天从出门开展工作到进门休息,穿着层层防护服、隔离衣,佩戴紧紧贴合的防护口罩、护目镜,一干就是十多个小时。

结束一天繁忙的工作,当陈贞脱下防护服、摘下口罩时,汗水和几道深深的勒痕留在脸上,局部甚至还有不同程度的皮肤压伤破溃。但这位平时爱美的护士长丝毫没在意,依然露出自信的笑容,这是最美的素颜。大家笑称这是"大眼睛"护士长的"天使印记"。

案例分析

比星星更明亮的是"天使的大眼睛"。多少个双休日、多少个节假日,甚至大年夜,陈贞总是让同事们先轮休、与家人团聚,而自己却默默与家人道一声抱歉:"今天我要加班!你们先吃饭吧,不用等我了"。为了病人们,这位"钢铁天使"将全部精力投入高强度工作中,始终以微笑面对这份神圣的事业,义无反顾,无怨无悔。在疫情防控的紧要关头,陈贞舍小家顾大家,义无反顾地冲向抗疫前线,尽职尽责,坚决保护人民群众的生命安全,为患者带来了温暖和希望。

劳模精神　劳动精神　工匠精神

 **小结与思考**

习近平总书记指出："'爱岗敬业、争创一流，艰苦奋斗、勇于创新，淡泊名利、甘于奉献'的劳模精神，生动诠释了社会主义核心价值观，是我们的宝贵精神财富和强大精神力量。"这既是新时代劳模精神科学内涵的明确概括，也是对我国工人阶级与广大劳动群众以勤奋劳动推动实现"两个一百年"奋斗目标的殷切厚望。劳模精神是中华民族精神与社会主义核心价值观的重要组成部分，也是中国共产党人精神谱系的重要内容。劳模精神具有厚重的历史特色、深刻的理论意蕴、强大的实践力量和鲜明的时代特征。

以下问题值得我们探究与思考。

1. 结合自身的工作经历，你如何理解劳模精神的内涵？
2. 劳模精神的特征是什么？
3. 根据本节所学内容，结合你对劳模精神的理解，写出自己的"劳模"成长规划。

第3节 践行劳模精神

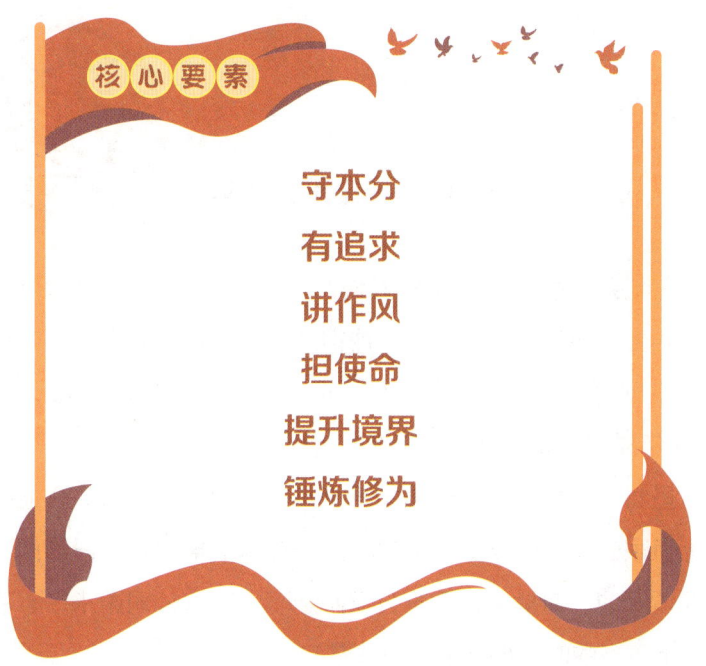

核心要素

守本分
有追求
讲作风
担使命
提升境界
锤炼修为

回顾历史,在党的领导下,我国工人阶级和广大劳动群众与祖国同成长共奋斗,各条战线英雄辈出。无数劳动模范以高度的责任感和忘我的拼搏奉献鼓舞广大群众,带动群众锐意进取、艰苦奋斗,推动了我国经济社会发展,形成了伟大的劳模精神。广大劳动群众要更加紧密地团结在党中央周围,在有机会干事业、能干成事业的新时代,主动作为,弘扬劳模精神,做守本分、有追求、讲作风、担使命、提升境界、锤炼修为的劳动者,为全面建设社会主义现代化强国、实现中华民族伟大复兴的中国梦做出新的贡献。

一、守本分,爱岗敬业:尽职尽责、尽心尽力做好本职工作

1. 要恪尽职守

尽职尽责、尽心尽力做好本职工作,是一个人应有的职业操守,也是对每一名劳

劳模精神　劳动精神　工匠精神

动者的基本要求。"如果你是一滴水,你是否滋润了一寸土地;如果你是一线阳光,你是否照亮了一分黑暗;如果你是一颗螺丝钉,你是否永远坚守你的岗位。"无论在什么岗位,发挥自己的最大潜能,就能做出最大的贡献。

典型案例

送快递送成全国劳动模范

2020年全国劳动模范和先进工作者表彰大会在人民大会堂举行,会上有很多来自普通岗位的劳动者,他们从一线走来,站上了领奖台,快递小哥宋学文就是其中之一。"80后"的宋学文,来自内蒙古自治区赤峰市,2011年成为快递员,一干就是近10年。

岗位虽然很平凡,但是宋学文没小看,他留心去钻研。在他的配送范围内有上百家公司,宋学文一边送快递一边摸清情况。一段时间下来,附近公司的情况他了如指掌,哪家公司搬走了,哪家公司搬来了,甚至员工的名字、上下班的时间他都记得清清楚楚。

有了这些基础,宋学文又摸索出一套独创的配送方式。上午,宋学文按照体积大小码放货品,大件在下,小件在上,紧急的往显眼处放;下午,他再按照收货公司、收货人的下班时间,把下班早的放上面,下班晚的放下面。他还定期统计,分析客户需求,掌握特殊情况,总是先梳理货物轻重缓急,再决定装车方式和配送路线。看似普通的活,宋学文却比别人跑得快,送得稳。

就这样,宋学文坚持了10年。32万余千米、30万件包裹,零误差、无投诉、无安全事故,被他服务过的客户都为这位小伙子点赞。五星好评不用求,人们主动给他打分。

如今,宋学文从快递员升任营业部站长,像师傅一样带着17个兄弟,他依然不忘初心,勤勤恳恳。新型冠状病毒感染疫情防控期间,宋学文和手下的兄弟们坚守岗位,米面粮油、医疗用品……一件件送到居民手中。

小区进不去，有时大家要守到很晚才能送完，宋学文等到所有快递员下班后才离开。"今年情况特殊，人手更紧缺，这个时候能顶上的就尽量顶上，咱不能在这个时候掉链子！"

成为全国劳动模范，宋学文感慨万千。"作为一名普通的劳动者，获得这项殊荣，我特别激动，能代表400万名快递小哥获得这项荣誉，更是特别的兴奋。虽然说我们的工作很辛苦，但是得到客户和社会的认可，我觉得这是最难能可贵的。"

开着快递车的宋学文

案例分析

像宋学文一样用心去干，人生没有天花板。无论在哪个岗位，从事什么工作，都认真对待自己的工作，对自己的岗位职责负责到底，像"螺丝钉"一样，牢牢地"拧"在那里，守住那个岗位，做好那份工作，就会使自己的劳动潜能得到充分的挖掘和激发。简单的事情重复做，重复的事情认真做，认真的事情创新做。这样新时代所倡导的服务、奉献、创新精神才能不断发扬光大。

2. 要干一行，爱一行

劳动没有高低贵贱之分，一切劳动，无论是体力劳动还是脑力劳动，都值得尊重和鼓励。习近平总书记指出："无论从事什么劳动，都要干一行、爱一行、钻一行。在工厂车间，就要弘扬'工匠精神'，精心打磨每一个零部件，生产优质的产品。在田间地头，就要精心耕作，努力赢得丰收。在商场店铺，就要笑迎天下客，童叟无欺，提供优质的服务。只要踏实劳动、勤勉劳动，在平凡岗位上也能干出不平凡的业绩。"

劳动者投入各个工作岗位，也许有部分人起初对自己所从事的工作不太感兴趣，但只要在岗，我们就要培养自己对所在工作岗位的兴趣，干一行、爱一行，尊重自己的岗位职责。习近平总书记指出，"三心二意、心猿意马，是不能把工作干好的"，"心浮气躁，朝三暮四，学一门丢一门，干一行弃一行，无论为学还是创业，都是最忌讳的"。虽然，我们各自的岗位职责有大小之分，但是我们对工作的热爱之情应当无分别。

原本不喜欢公交行业，却成为行业模范标兵

1981年，19岁的李素丽，梦想着成为一名播音员，她报考了北京广播学院（现中国传媒大学）却以12分之差失之交臂。在当公交司机的父亲的影响下，李素丽成了一名公交车售票员。面对理想和现实之间的巨大落差，李素丽想，"虽然没有成为播音员，但车厢也是一个小舞台，岗位不同，但都是为人民服务。"就这样，李素丽将对播音的热情转移到工作中，凭着一股执着劲儿，她很快变得出类拔萃。

李素丽当时所在的21路公交车，是北京最繁忙的公交线路之一，售票员的工作量特别大。但李素丽却仿佛不知疲倦似的，乘客们看到的，是她一直洋溢着热情的笑脸；听到的，是她温柔亲切的问候。遇到老人，她赶忙下车搀扶；看到穿着长裙的姑娘，她提醒小心不要踩到摔倒；碰到小孩子没有座位,她就拿出小坐垫,让孩子坐在售票台上……

李素丽所在的车上,总是干干净净明亮整洁的,那是她每天提前2小时到岗、里里外外收拾好的成果;在行车过程中,她给乘客讲沿途的风景,讲北京城的历史文化,讲当下的新闻,大家听得津津有味。为了更好地服务乘客,李素丽还自学了英语、哑语、心理学……李素丽说:"这小小的车厢,我把它当作一个家去经营它,每一个上车的乘客都是我的亲人朋友。"

李素丽把乘客当作亲人般地贴心照顾,而乘客的回应也如涓涓细流温暖着她。经常有大爷大妈拿着泡着枸杞、胖大海的保温杯,用屉布包着李素丽最爱吃的窝头,等在21路公交的站点,隔着窗户递给她……李素丽说:"卖了18年票收获的是满满的感动,我现在看到公交车,都恨不得再去卖两圈票。"

李素丽凭借着她真诚的服务获得过全国五一劳动奖章、全国三八红旗手、首都楷模、全国劳动模范等荣誉称号。2019年,李素丽获得"最美奋斗者"荣誉称号。

案例分析

"公交车有终点,服务没有终点。"每一位劳动者对自己工作的热爱也没有终点。爱一行,才会干好一行,才会有职业归属感、使命感,才会跳出只为生计而谋的局限,才会把这份职业当作事业来看待、去追求。

3. 要干一行,钻一行

干事创业,不但要有工作热情,而且需要不断钻研,提高工作能力。面对日新月异的科技发展和激烈的市场竞争,具备过硬业务素质的劳动者才能在岗位上立足。习近平总书记指出:"一切劳动者,只要肯学肯干肯钻研,练就一身真本领,掌握一手

劳模精神　劳动精神　工匠精神

好技术，就能立足岗位成长成才，就都能在劳动中发现广阔的天地，在劳动中体现价值、展现风采、感受快乐。"广大劳动者一是要认真学习业务知识，要立足岗位学，向师傅学，向同事学，向书本学，向实践学，不断钻研工作的新思路、新方法，掌握新技能、增长新本领；二是要沉下心来干工作，不能"当一天和尚撞一天钟"，不能有得过且过、凑合应付的思想，要心无旁骛钻业务，做到知行合一、学用结合、学以致用，努力成为胜任本职工作的行家里手。

基层农民工用一砖一瓦
"砌"出劳模路

杨云2011年参加工作，如今，他已经从一名基层农民工成长为班组带头人，并在2017年荣获全国五一劳动奖章，2020年被评选为全国劳动模范。

刚开始接触泥瓦工，只能做些提灰桶、递工具的杂活。"看师傅做得多了，心里觉得砌墙和抹灰也并不难。"然而，第一次尝试独立砌墙时，还没砌好墙就倒了。那时，杨云才明白，看似简单的砌墙、抹灰，这其中也有不少学问。

在班组里，杨云是出了名的爱钻研。一位工友表示，常常看到他在施工图纸上比比画画，最开始大家都不解，并不复杂的图纸哪里需要研究那么久。而当看到图纸上每一个符号、每一个数据都被精准解读和记录后，大家从不解变成了佩服。

正是因为善于钻研，杨云在工作中发明了很多机械设备，革新传统工艺，不仅提高了工作效率，还为公司项目部累计节约了上千万元的成本。

"劳动是光荣的，为他人的幸福而劳动是我的人生追求。"杨云说，自己一直坚持"人凡事不凡"的理念，只要踏踏实实做事，兢兢业业工作，平凡的岗位也能创造不平凡的成绩。

正在砌墙的杨云

案例分析

在全面建设社会主义现代化强国新的伟大征程上，每一位劳动者都不可或缺，每一份事业都有宽广舞台。"心心在一艺，其艺必工；心心在一职，其职必举。""百职如是，各举其业"，定能汇聚成无往不胜的磅礴力量，将党和人民的事业不断推向前进。

二、有追求，争创一流：不断超越、积极创造优异工作业绩

新时代，我们每个人都要有争创一流的魄力，无论做什么工作，都要学习劳模拿出争上游、创一流的劲头，不干则已、干就干好的志气，不断激发动力、活力和勇气，走在前列，干出成效，做出新亮点。

1. 不断树立高远工作目标

古罗马政治家塞涅卡曾说过，"如果一个人活着不知道他要驶向哪个码头，那么任

何风都不会是顺风。有些人活着没有任何目标，他们在世间行走，就像河中的一棵小草，他们不是行走，而是随波逐流。"目标之高低，往往决定着成就之大小。

2020年11月2日，湖南省衡阳市衡南县清竹村，经测产专家组评定，袁隆平团队研发的杂交水稻双季亩产突破1 500千克大关。"这意味着每亩可以多养活5个人，也意味着离我的'禾下乘凉梦'更近了一步！"听到测产结果，袁隆平非常激动。为了实现这个梦想，50多年来，袁隆平不辞辛劳，始终耕耘在农业科研第一线。从大海捞针般寻找天然雄性不育株野生稻，到开展超级杂交水稻攻关，"追求高产更高产"的目标从未改变，一步一个脚印，袁隆平助力中国人牢牢把饭碗端在自己手里。

"再仔细一点点，离1微米的精度就能更近一点点！"为了更好地应对每一次挑战，陈亮为自己立下了这样一条工作准则。失之毫厘，差之千里。二十年如一日，滨湖"80后"小伙儿陈亮在加工模具的精度上"较劲儿"，把"一微米"精度淬炼到质产、量产，从一名粗模具加工铣工成长为全国劳动模范。

树立一流工作目标，才能对自己的工作精益求精，才能激发自己的无限工作潜能，有目标就有压力，有压力就有动力，有动力就有毅力，只要能坚持朝更高的目标前进，就会获得成功。在实践中，工作目标的设定应遵循以下4个原则。一是目标适中。要正确认识自己，结合自身特点，提出恰如其分的目标。目标过高，脱离了实际，会因好高骛远而招致失败；目标过低，不用努力就能实现，也失去了目标存在的意义。二是目标积极。目标要符合自己的职业生涯发展规划，考虑内外环境需要，符合单位需求，符合社会发展规律。三是目标具体。要明确规定"达到什么程度""做多少""做成什么样子"等，越具体，越能促进自己的行动。四是目标多层。要短期和长期目标配合恰当，局部和整体目标有机统一。

2. 不断拓展广阔工作视野

"欲穷千里目，更上一层楼。"争创一流业绩就要拓宽视野。一是不能局限于本单位本系统范围，必须跳出本单位本系统来看自己的工作。二是不能局限于自己原有的状态，不能仅仅满足于自己跟自己比。三是要勇于走在前列，要具有世界眼光和开放的思维，在更大范围、更高层次上找座次、定坐标。

中国水底隧道开路先锋：
穿江越海的追光者

二十世纪八九十年代，当英吉利海峡隧道、日本青函隧道的建设带来了人类地下空间开发的迅猛进步时，中国地下隧道，尤其是水下隧道发展几乎还是空白。

"外国人可以做的，为什么中国不可以？我们的技术差距究竟在哪里？"肖明清回忆担任"万里长江第一隧"——武汉长江隧道总设计师时，国内没有现成经验，只能自己摸索研究，寻求技术突破对策。

4年工期，肖明清带领团队昼夜值守在施工现场，解决一个接一个难题。首次提出并采用"管片衬砌与非封闭内衬叠合结构"技术；在国内首次提出并采用"大直径盾构通用楔形环管片"技术、"盾构隧道管片接缝双道密封垫防水"技术、"盾构隧道段顶部排烟与底部疏散结合"技术……最终，成功破解了5大设计施工难题，取得10多项国家专利。

2008年12月28日，武汉长江隧道通车运营，标志着中国迎来了"江上有桥、江面行船、江下通隧"的立体过江交通时代。

武汉长江隧道

劳模精神　劳动精神　工匠精神

　　从担任"万里长江第一隧"——武汉长江隧道的总设计师，到担任当时世界上在强渗透高磨蚀地层中修建的直径最大、水压最高、覆跨比最小的水下盾构隧道——南京长江隧道的总设计师，再到创新解决了深水宽海域隧道建设的难题，成为国内首创、世界首座高速铁路水下盾构隧道——广深港高铁狮子洋隧道的总设计师，肖明清及其团队为打通交通动脉，探寻隧道之光，建设了一个又一个世界级杰出工程。截至2021年年底，肖明清已领衔研究和设计了50多座大型水下隧道。

　　工作20多年来，肖明清见证着中国隧道建设水平一步步迈向世界先进行列。他表示，随着中国发展强大，要建更多功能更全、品质更好的隧道，隧道技术是无止境的，攻关也永无止境，他仍将不负热爱、勇挑重担。

案例分析

　　百舸争流，千帆竞发，不进则退。竞争的范围从不局限于一班一组、一城一池、一国一地，我们要牢固树立强烈的忧患意识、机遇意识、进取意识和责任意识，拓宽视野，破除瞻前顾后的畏难情绪，激发敢为人先的超人胆识，破除畏缩不前的消极思想，提高攻坚克难的过硬能力，勇于探索，敢于超越，厚积薄发，才能创造出不辱使命、不负韶华的一流业绩。

3. 保持进取乐观工作心态

　　千里之行，始于足下。一流业绩要靠我们脚踏实地地去实现。我们除了要能够识别环境，客观认识自己，了解自己的优势和不足之外，还要在不懈的追求中不断磨炼自己。人生难免遇到生活压力、职业压力、社会压力等，也难免遇到困难和阻碍，失败了没关系，哪里跌倒就从哪里爬起来。

　　如何摆脱困境，战胜困难？一要乐观。颓废、气馁、唉声叹气、怨天尤人，都于事无补。在一定的环境和条件下，任何事情都是可以转化的，要对未来满怀希望。二要坚强。面对挫折，不懦弱、不退缩；面对挑战，不自卑、不逃避；面对失败，不灰心、不悲伤。要勇于承受痛苦，被人误解，学会忍耐；遭受打击，敢于面对；坚守信念，毫不动摇；迎难而上，不屈不挠。

践行劳模精神，就要在工作中给自己树立高标准、高要求、高起点、高定位，不局限于个人过去的水平，要对照先进找差距，放眼全局定目标，即使困难再大、任务再重、矛盾再多，都要坚定必胜信心和决心，久久为功，知难而进不言难，迎难而上不畏难，想干事、能干事、干成事。

三、讲作风，艰苦奋斗：筑牢根基、始终保持奋进精神面貌

人类的美好理想，都不可能唾手可得，都离不开筚路蓝缕、手胼足胝的艰苦奋斗。习近平总书记指出："艰苦奋斗、勤俭节约，不仅是我们一路走来、发展壮大的重要保证，也是我们继往开来、再创辉煌的重要保证。"

1. 树立正确三观，筑牢思想根基

我们要不断加深对马克思主义立场、观点、方法的学习与认识，进一步理解马克思主义历史必然性与科学真理性，明晰自身的奋斗方向，将个人的奋斗与党和国家所处的历史阶段结合起来，找准方向和定位，将艰苦奋斗展现为自身的精神风貌。

物质的洪流漫过心灵的堤防，容易使我们忘记了仰望星空，忘记了默观内心，忘记了真正的幸福。物质需要只是我们人类需求的基础，而更高层次的需求应该是精神层面的需求。"奋斗者是精神最为富足的人，也是最懂得幸福、最享受幸福的人。"用生命诠释最美青春的扶贫书记黄文秀曾在驻村笔记中写道："每天都很辛苦，但心里很快乐。"我们要把人生理想自觉融入党和人民的事业之中，树立正确的世界观、人生观、价值观，磨砺品质，从艰苦奋斗中找到人生意义，体现人生价值，实现真正的幸福。正如"杂交水稻之父"袁隆平院士一生最大的梦想不是赚多少钱，而是做一个平凡的种田人。"我毕生的追求，就是让所有人都可以远离饥饿！"在他心里，让老百姓吃一顿饱饭，让中国人民，乃至世界人民不用再挨饿，这是他最想做的事情，在他的眼中，薄田远胜于千亿身家。

2. 保持昂扬奋进积极的精神状态

"有条件要上，没有条件创造条件也要上。""铁人"王进喜为甩掉中国"贫油落

后"的帽子，把北风当电扇、大雪当炒面，用身体当搅拌机，用血肉之躯和困难搏斗，向极限挑战。正是在这种以苦为乐、不向困难低头精神的带动下，广大石油工人克服了无数常人无法想象的困难。困难再多、条件再差、环境再恶劣，只要劳动者有坚如磐石的信念、不畏困苦的斗志、只争朝夕的劲头、坚韧不拔的毅力，就能够战胜困难，创造一项又一项辉煌的业绩。

人生的道路有起有落、有坎有坷，不会总是一帆风顺的，总会遇到逆境，这是不以人的意志为转移的。2013年前，我国2 000吨以上的大型履带起重机全部依赖进口，价格、售后服务等受制于人。造出中国自己的"超级起重机"，是徐工集团高级工程师孙丽的梦想。经过孙丽和团队的大力攻关，4 000吨级履带起重机在山东烟台成功完成"首秀"，实现了我国在超大吨位履带式起重机研发制造领域的突破，多项技术填补了国内技术空白。"为了这个梦想，我们奋斗了整整23年。"孙丽说。遇到了逆境怎么办？是像孙丽一样坚持不懈，勇敢尝试，还是就这么放弃？习近平总书记指出："在实现中华民族伟大复兴的新征程上，必然会有艰巨繁重的任务，必然会有艰难险阻甚至惊涛骇浪，特别需要我们发扬艰苦奋斗精神。奋斗不只是响亮的口号，而是要在做好每一件小事、完成每一项任务、履行每一项职责中见精神。奋斗的道路不会一帆风顺，往往荆棘丛生、充满坎坷。强者，总是从挫折中不断奋起、永不气馁。"面对难题、困难和挑战，我们要有迎难而上的担当和勇气，有开拓创新的进取意识和斗争精神，在逆境中锤炼意志，在磨砺中锻炼成长，才能把握好自己的命运，才能创造出不平凡的业绩。

3. 以科学方式为基础，苦干实干

工作中，要以科学的方式方法为基础，不怕吃苦、敢于吃苦、乐于吃苦，坚持把每一项工作任务和每一个工作环节做好、做精、做细。

**有"三个不会"的
"世界第一人"**

胡洪炜是国家电网湖北电力检修班班长，攀爬到40多米的高压铁塔上，在烈日下、寒风中，进行温度、湿度、风速、绝缘绳索、软梯、屏蔽

服等检测都是他的日常工作。和他共事十余年的刘师傅曾说:"胡洪炜有三个不会:有高空作业不会选择地面作业,有高塔不会选择低塔,有远的不会选择近的。"

2009年,在国家电网湖北电力超高压公司输电检修中心工作的胡洪炜,要挑战世界上首次±800千伏特高压输电线路带电作业。特高压输电线路上具有超强电磁场,会产生强大的感应电流。没有相应的保护措施,稍一碰触便会瞬间化为灰烬,此前是没有人敢触碰的"生命禁区"。伴随着导线刺耳的"吱吱吱"放电声,胡洪炜毫不畏惧,凭借标准的技术动作瞬间进入了特高压直流强电场。"那种感觉,脸上就像是被无数根小针扎,头发像被人用力撕扯。"

高空作业的胡洪炜

胡洪炜回忆。在队友的默契配合下,胡洪炜连续精准操作1个多小时,试验圆满成功。之后,±800千伏特高压直流输电技术正式投入应用。胡洪炜成为勇闯特高压带电作业领域的"世界第一人"。

案例分析

胡洪炜说:"真正的禁区不在于距离,而在于每个人的内心。为了保障万家灯火,再苦再累也值得。"工作中,我们也要以科学方式为基础,冲破内心的"禁区",始终以艰苦奋斗者的昂扬姿态,锐意进取、自强不息、顽强拼搏去争取胜利。

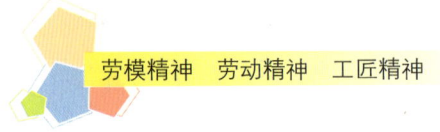

4. 生活中要勤俭节约力戒奢靡

习近平总书记指出:"节俭朴素,力戒奢靡,是我们党的传家宝。现在,我们生活条件好了,但艰苦奋斗的精神一点都不能少,必须坚持以俭修身、以俭兴业,坚持厉行节约、勤俭办一切事情。"我们每一个人都应勤俭节约,不铺张浪费,自觉远离享乐主义和奢靡之风,抵制拜金主义、享乐主义的侵蚀,养成良好的生活作风和习惯,永葆艰苦奋斗的高尚情操。

四、担使命,勇于创新:创新思维、锐意进取

世界唯一不变的就是变化,要在瞬息万变的世界舞台中绽放光彩,就要不断创新。习近平总书记指出:"生活从不眷顾因循守旧、满足现状者,从不等待不思进取、坐享其成者,而是将更多机遇留给善于和勇于创新的人们。""要创新,就要有强烈的创新意识,凡事要有打破砂锅问到底的劲头,敢于质疑现有理论,勇于开拓新的方向,攻坚克难,追求卓越。"

1. 培育创新思维

人人皆可创新,只要具有创新思维,立足岗位,积极进取,敢想敢做,就能进行不同程度、不同类型的创新。培育创新思维,可以从以下几方面着手。一是提出问题。爱因斯坦曾经说过:"提出一个问题比解决一个问题更重要。"许多发明创造都源于疑问,能正确地提出问题就是迈出了创新的第一步。二是激发自己的兴趣和好奇心理,保持思考与探究的热情。三是勤奋学习。勤奋学习是促进知识和技能提升的最初动力和基本手段,也是创新的基础。四是攻坚克难。要用难题和艰巨任务逼着自己思考问题。五是求新求变。注重思维超越,敢于突破经验,将已有的知识结构进行调整和重新组合。六是集思广益。创新能力不仅需要个人的智慧,而且需要聚集团队的智慧。七是树立唯物主义世界观。学会辩证思维,密切联系实际,从实际出发,实事求是。

拓展阅读

从开瓶器、千斤顶里找灵感的电缆技术"女掌门"

发现问题、解决问题,是国家电网无锡供电公司职工何光华多年来的习惯。2009年,无锡开始敷设2 500毫米的大电缆,截面有碗口粗,每米重38千克,电缆隧道在地下15米处。在狭小的空间里敷设电缆,电缆接头需要毫米级的精细化处理,蹲在隧道里接电缆一蹲就是七八个小时,腰肌劳损成了施工者的职业病。

"那段时间我一直在思考:怎么能更省时、省力地将电缆敷设到位?有一次,工程车在半途爆胎,使用千斤顶更换轮胎时,我突然想到,可以研制一个轻巧灵便、专用于电缆敷设的起重设备!"何光华说。

她迅速设计出图纸,并和团队进行了可行性研究。最终,一个崭新的创新成果——电缆输送液压升降平台诞生了。与之相配套,适用于电缆敷设、安装的新型电缆弯曲机等一批工器具和设备,也都在何光华的"头脑风暴"中诞生了。这些成果投入运营后,一组地下电缆施工平均节省成本78万元、可缩短10天施工时间,综合作业效率提升55%。

工作中的何光华

由于电缆分支箱越来越多地采用结构紧凑的全封闭设计,因而,必须先拆除电缆封帽、堵盖,露出金属双头螺杆才能验电,以往变电及线路所用的较成熟的验电、接地工具无法直接使用。但在未验电的情况下,如何安全拆除可能带电的电缆封帽、堵盖呢?

"红酒开瓶器给了我启发。"何光华介绍,经过反复试验,她成功研制出了由调节手柄、绝缘杆、活动钢抓和套筒头组成的"拆电缆头的操作杆"，使用方法和开瓶器异曲同工，"工作上的创新，灵感有时来源于生活中的触类旁通"。

2022年，何光华以其主持完成的"高落差高压电缆线路无损施工技术创新及应用"荣获国家科学技术进步奖二等奖（工人农民组）。何光华说，乐于创新、勤于钻研的精神是她一生的财富。

2. 培育担当勇气

"挫而不挠，勇也。""勇"就是要敢想敢干、敢闯敢试，敢为天下先，敢于承担风险与失败，敢于坚持原则，敢于实事求是。勇气就是勇往直前、敢想敢干的神勇气概。创新就在脚下，唯有不懈的孜孜以求、不断探索才能突破、创新。

五、提升境界，淡泊名利：慎独慎微、滋润涵养清正品格

正如"新时期的铁人"王启民所说："获得国家勋章、国家荣誉称号的每个人都有共同的特点，就是忠诚、执着、朴实。追求'短、平、快'，当不了英雄；想着'名、利、奖'，造不出伟大。"弘扬劳模精神就是要学习劳模淡泊以明志、宁静以致远的优秀品德，始终保持高尚情操。

1. 以平静之心对待自己

要保持高尚的人格和淡泊的心境，常思贪欲之害，常怀律己之心，不为歪理所惑，不为金钱所动，不为名利所诱，有强烈的底线意识，耐得住清贫、守得住寂寞、稳得住心神、管得住行为、留得住清白。心存敬畏、慎独慎微、勤于自省，遵守党纪国法，公道正派，清正廉洁。

2. 以平常之心对待名利

在价值观多元化的当今社会，需要我们将私欲控制在法纪制度、道德良心允许的范围之内，泰戈尔说过，鸟翼系上黄金，鸟便永远不能在天空翱翔了。把得失名利看淡一些，方能不忘初心、不移其志，心无旁骛努力工作。

3. 以平稳之心对待事业

要始终保持定力，坚守初心，克服急功近利的浮躁，远离追名逐利的彷徨，不谋一己之得失，而忧事业之兴衰。无论从事什么工作，都要始终做到吃苦在前、享受在后，勤奋敬业、任劳任怨，勇于创新、敢于担当，脚踏实地干出一番事业，成就有价值的人生。

六、锤炼修为，甘于奉献：敢于担当、以义为先成就大我人生

"奉献小于索取，人生就暗淡；奉献等于索取，人生就平淡；奉献大于索取，人生就灿烂"是我国石化技术开拓者——中国科学院院士陈俊武的人生信条。对于每一个人来说，树立和践行奉献精神，不仅是与其所享受的社会权利、社会资源相关的社会责任，更是锤炼道德修养、提升文明素质的重要手段，是实现个人价值的根本途径，是追求幸福人生的必然选择。在"当代雷锋"郭明义心中，无私奉献是承诺，更是集贤令。自他牵头成立爱心团队以来，截至 2022 年 5 月共发起超过 2 000 次的爱心捐款、无偿献血，团队也从最初的几十人，发展到遍布全国的 1 400 多个分队、240 多万名志愿者。

坚守甘于奉献的职业操守，要把国家和人民的利益放在首位，在公与私、义与利、人与我的关系上，始终把前者放在首位，为了国家和人民的利益不计得失，乐于付出，甘愿贡献自己的智慧和力量。"我生在油田，长在油田，从小就知道铁人'跳泥浆池压井喷'的故事。"大庆油田有限责任公司第二采油厂第六作业区采油 48 队采油班班长刘丽，从一名采油工成长为专家型人才。"这些年亏欠比较多的就是我的女儿，从小对她陪伴呵护少。"多年来，她舍小家顾大家，倾其所学帮助同事提升技能，累计培训员工 1.5 万多人次，其中 65 人被聘为高级技师、技师。2020 年，刘丽荣获全国劳动模范荣誉称号。

广大劳动者要以劳模为榜样，时刻准备着，以民族复兴为己任，把人生理想融入国家富强、民族振兴、人民幸福的伟业之中，勇于担当历史大任，不辱时代使命，不负青春韶华，将使命担当转化为一锤一钉的劳作、一砖一瓦的建设，同时鼓舞身边更多的人投身到新时代伟大实践中，在超越小我中成就大我，成就更有高度、更有境界、更有意义的人生。

劳模精神　劳动精神　工匠精神

 **小结与思考**

社会主义是干出来的，新时代是奋斗出来的。新时代要大力弘扬和践行劳模精神，争做一个守本分、有追求、讲作风、担使命、有境界、有修为的人。爱岗敬业，尽职尽责、尽心尽力做好本职工作；争创一流，不断超越、积极创造优异工作业绩；艰苦奋斗，筑牢根基、始终保持奋进精神面貌；勇于创新，创新思维、锐意进取、勇革新攀高峰；淡泊名利，慎独慎微、滋润涵养清正高尚品格；甘于奉献，敢于担当、以义为先成就大我人生。"十四五"壮阔蓝图正徐徐展开，全面建设社会主义现代化强国的新征程已经开启。如果每一位劳动者都能践行劳模精神，争做新时代的奋斗者，那么，中国梦照进的现实，正是每一位中国人用奋斗赢得的未来，"中国梦·劳动美"的时代篇章也必将焕发出更加璀璨夺目的光彩！

以下问题值得我们探究与思考。

1. 结合本职工作，谈谈如何弘扬践行劳模精神。

2. 结合所学内容，思考如何做一名合格的技能人才；如何专注于自己的岗位工作，不断超越自己，达到卓越；如何影响、带动身边更多的人投身到新时代伟大实践中，在超越小我中成就大我，成就更有高度、更有境界、更有意义的人生。

第3章

劳动精神

劳模精神　劳动精神　工匠精神

11 次逆行疫区的货车司机

2009 年，从部队退役归来的龙兵成为一名个体货车司机，货车一开就是 13 年。正是这位看上去十分普通的货车司机，在 2020 年新型冠状病毒感染疫情最严峻的那段时间，11 次"逆行"湖北运送物资，成为挺身而出的"凡人英雄"，被称为"最美逆行者""最美货车司机"。

2020 年 2 月，正是新型冠状病毒感染疫情肆虐之际。一天下午，龙兵所在的物流微信群突然跳出一则消息：常德当地的慈善组织筹集了 20 吨新鲜蔬菜，希望尽快送达武汉。龙兵主动"站"了出来。"当时也没想太多，我就去送一下呗。"再次提起这段经历，龙兵显得风轻云淡。龙兵瞒着家人驶上了高速。从常德到武汉 400 多千米，一路上，除了检测站，他不下车、不喝水、不上厕所，一直向前。越是接近武汉，货车定位系统的安全提示就越频繁。"说不紧张、不害怕肯定是假的。"紧握方向盘的龙兵沿途收获了满满的感动：上高速前，附近的老乡自发送来了家里的腊肉，让他捎给武汉人民；一个加油站的员工看到他的车是运送爱心物资的，免费提供了水和食物；当地司机看到货车前的横幅，纷纷向龙兵和卡友们鸣笛致谢，沿途的交警也向他们敬礼……前来接物资的志愿者一遍又一遍地对龙兵说："您辛苦了，谢谢！"准备返程时，一位志愿者跑过来问："龙师傅，您还会再来武汉吗？"龙兵坚定地回答："会来！"32 天时间里，他驾车进出湖北 11 趟，为当地群众送去生活和医疗物资 300 多吨，行程超过 1.2 万千米。2021 年夏天，龙兵又一次"逆行"了。7 月，河南遭受暴雨袭击，多个地区出现洪涝灾害。得知消息后，龙兵驾车前往河南新乡，送去 19 吨生活和救灾物资。卸下物资后，他留下来和志愿者们一起参与灾区救援，"每天晚上，就睡在车上，因为干活太累，一到座位上就睡着了，睡得很踏实。"

从去货运市场找活的"小黑板时代"，到现在从网络货运平台"拿单子"，龙兵的驾驶习惯一直没有变，每次上车前，他都会照例检查轮胎、油箱、水箱等。"车子绝不能带病上路,要做到安全有保障。"安全意识已经深植于他的心中,融入他的每个行车细节。跑在高速路上,他的车子总是开得很稳。"开车一定要讲规矩。"龙兵说。

龙兵之所以能够在新型冠状病毒感染疫情肆虐时,勇敢承担起运送物资的任务,一个很重要的原因就是他身上具备劳动精神。

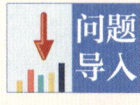

龙兵的故事对你有哪些启示?在他身上是如何体现劳动精神内涵的?

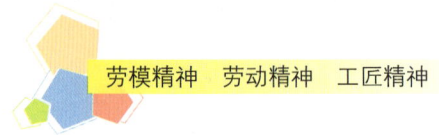

第1节 回溯劳动精神

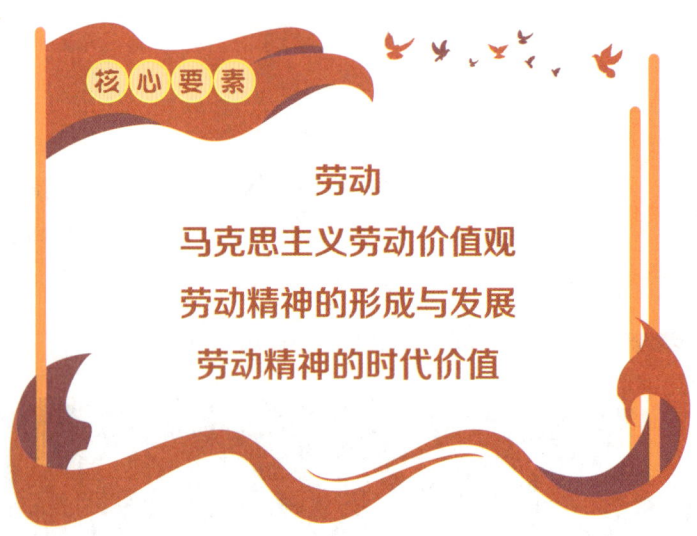

核心要素

劳动
马克思主义劳动价值观
劳动精神的形成与发展
劳动精神的时代价值

中华民族的先民们"烁金以为刃,凝土以为器,作车以行路,作舟以行水",用汗水与智慧开启了灿烂的中华文明。新民主主义革命以来,凭借一双双勤劳的双手,广大劳动者在中国共产党的领导下,自力更生、发愤图强、解放思想、锐意进取,取得了革命、建设、改革的伟大成就,全面建成了小康社会,共同创造着幸福生活。无论是回顾历史,还是展望未来,劳动精神始终是中华民族自强不息、顽强奋进的强大精神动力。劳动精神升华于马克思主义劳动观的科学指引,在新时代得到了进一步弘扬光大。

一、劳动与劳动精神

劳动是人类社会存在和发展的基础和唯一手段,主要是指生产物质资料的过程,即能够对外输出劳动量或劳动价值的人类活动。马克思认为劳动过程是人满足自己生存和生活需求,使自己获得主体性的过程。马克思主义劳动观指出以下3点。第一,人是劳动的产物,劳动创造了人类生存所必需的全部物质条件和精神条件。马克思说:"任何一个民族,如果停止劳动,不用说一年,就是几个星期,也要灭亡,这是每一个小孩都知道的。"劳动是人的生命存在和全部社会活动的前提,作为生命存在的人要解决吃、穿、住的生活问题,必须从事生产劳动,通过劳动改造自然,从大自然中获取生活资料。第二,劳动是人类全部社会关系形成和发展的基础。人们在劳动过程中,一方面同自然界发生关系,另一方面在人们之间又结成了社会关系和生产关系。第三,劳动是促使社会历史发展的根本推动力量。社会发展的最终决定力量不是精神、意志、神灵,而是人的劳动实践。

在马克思、恩格斯看来,人不仅凭借劳动满足最基本的生存需要,实现社会财富的创造和积累,而且人最终要通过劳动来实现人之为人的自由本质。劳动不但创造了人的物质生活,也充盈着人的精神世界,使人得以成长。马克思把劳动比喻为整个社会都在围绕其旋转的"太阳",将劳动视作创造价值的唯一源泉。劳动光荣、创造伟大,是马克思主义劳动观的基本观点,是对人类文明进步规律的重要诠释。劳动精神也是深深植根于中华民族血脉中的精神基因。中国广大劳动者在继承中华优秀传统文化基因的基础上,在马克思主义劳动价值观指导下,在革命、建设和改革时期的伟大实践中,孕育了中国特色社会主义劳动精神,随着时代的发展,它的内涵不断丰富。习近平总书记多次强调劳动的重要性,指出:"劳动创造了中华民族,造就了中华民族的辉煌历史,也必将创造出中华民族的光明未来。"

劳动精神是指崇尚劳动、热爱劳动、辛勤劳动、诚实劳动的精神,是劳动者在劳动中展现的精神状态、精神面貌、精神品质。习近平总书记指出,要引导广大人民群众树立辛勤劳动、诚实劳动、创造性劳动的理念,让劳动光荣、创造伟大成为铿锵的时代强音,让劳动最光荣、劳动最崇高、劳动最伟大、劳动最美丽蔚然成风。2021年9月,党中央批准了中央宣传部梳理的第一批纳入中国共产党人精神谱系的伟大精神,劳动精神被纳入其中。

拓展阅读

关于劳动的名人名言

1. 毛泽东:社会主义制度的建立给我们开辟了一条到达理想境界的道路,而理想境界的实现还要靠我们的辛勤劳动。

劳模精神　劳动精神　工匠精神

2. 邓小平：珍视劳动，珍视人才，人才难得呀！

3. 李大钊：我觉得人生求乐的方法，最好莫过于尊重劳动。一切乐境，都可由劳动得来，一切苦境，都可由劳动解脱。

4. 邓颖超：真挚而纯洁的爱情，一定渗有对心爱的人的劳动和职业的尊重。

5. 宋庆龄：知识是从刻苦劳动中得来的，任何成就都是刻苦劳动的结果。

6. 鲁迅："一劳永逸"的话，有是有的，"一劳永逸"的事却极少。

7. 陶行知：在劳力上劳心，是一切发明之母。事事在劳力上劳心，变可得事物之真理。

8. 卢梭：在人的生活中最主要的是劳动训练。没有劳动就不可能有正常的人的生活。

9. 高尔基：我们世界上最美好的东西，都是由劳动、由人的聪明的手创造出来的。

10. 陀思妥耶夫斯基：要想获得一种见解，首先就需要劳动，自己的劳动，自己的首创精神，自己的实践。

二、劳动精神的形成与发展

1. 在中华文明中源远流长：勤劳务实、守正创新

"民生在勤，勤则不匮。"中华民族是勤于劳动、善于创造的民族，是崇尚劳动的民族。劳动精神是中华民族优秀传统文化的延续传承。从"春种一粒粟，秋收万颗子"的耕作，到"子规啼彻四更时，起视蚕稠怕叶稀"的采桑人，再到"江上往来人，但爱鲈鱼美"的捕捞……古往今来中国人民对劳动的赞歌绵延不绝。正是因为劳动创造，我们拥有了历史的辉煌；也正是因为劳动创造，我们拥有了今天的成就。从石器时代到农耕文明，劳动工具从石器到青铜器再到铁器，不断升级，劳动对象也在不断发生变化，劳动内涵和方式也不同，但是始终闪耀着劳动精神的光辉。我们的祖先在中国

源远流长的优秀传统文化中逐步形成了公而忘私、勤于劳动、互助团结等为内涵的劳动精神。

中国传统劳动精神的内涵可以概括为以下几点。一是辛勤劳动,艰苦奋斗。自古以来,中华民族就是以勤劳著称的伟大民族,中国最广大的劳动者一直秉承着辛勤劳动、艰苦奋斗的精神。二是诚实劳动,脚踏实地。颜之推在《颜氏家训》中嘱咐家人,不能因为一时的虚伪而丧失诚实,"以一伪丧百诚者,乃贪名不已故也。"中国古人重视"诚信""守义",倡导诚实劳动、脚踏实地,不能好高骛远,要实事求是,从自身实际出发,一步一个脚印,踏实做事,本分做人。三是守正创新,注重创造性劳动。马克思主义认为,劳动是创造物质文明和精神文明的动力与源泉,通过劳动可以改造社会、改变世界。墨子是中国历史上第一个提出"知识和实践相结合"的思想家,他强调人们不能仅仅学理论知识,更重要的是把所学知识运用到实践中去,在实践中发挥创造性劳动思维,实现创新。

拓展阅读

中国古代的著名工匠

隋代匠作大师宇文凯:宇文凯是隋代城市规划和建筑工程专家,他主持建造了隋朝新都大兴城和东都洛阳城,为以后各代都城的建筑树立了范本。隋大兴城占地84.1平方千米,堪称世界第一城。不只是城市建筑,宇文凯还精通水利工程,他开凿的广通渠,全长300余里(1里=500米),连接了大兴城、渭水和黄河,既方便了漕运,又灌溉了农田。

雷威造琴:雷威是唐代著名的古琴制作家。雷家世代造琴,相传他常在大风雪天去深山老林,狂风震树,听树之发声而选良材。这些传说说明了雷威选材的精良。

名厨伊尹:伊尹是商汤时期一代名厨,有"烹调之圣"的美称。尤其是后来由烹饪而通治国之道,"说汤以至味",成为商汤心目中的智者贤者,被任用为相,影响较大。老子《道德经》所讲的"治大国若烹小鲜"便是由此而来。

石匠李春：李春是隋代造桥匠师，建造了举世闻名的赵州桥。存世1 500多年、结构奇特、造型美观、居世榜首的赵州桥，凝聚了李春的汗水和心血。李春成为中国乃至世界建筑史上第一位桥梁专家。

李冰父子：李冰是战国时代著名的水利工程专家。公元前256年至公元前251年被秦昭王任为蜀郡（今成都一带）太守。其间，李冰治水创建了奇功。他征集民工在岷江流域兴建许多水利工程，其中以他和其子一同主持修建的都江堰水利工程最为著名。

李冰父子

历史长河中，中华民族勤于劳动、勇于奋斗，创造出灿烂的文明，历经沧桑而生生不息。中华历史文明中从不缺乏勤劳、务实、创新的劳动人民，正是这样一代代劳动者传承着中华优秀传统文化中的劳动精神。

2. 新民主主义革命时期：自力更生、艰苦奋斗

中国共产党自成立之日起，便延续了中华民族尊重劳动和崇尚劳动的精神，围绕"开展革命"这一主旋律，中国共产党人将劳动作为革命斗争的重要手段，唤醒民众意识，领导人民大众积极投身反帝反封建的伟大斗争。早期中国共产党人就强调劳动光荣，提出了"劳工神圣"的口号。党在各地创办了劳动补习学校、子弟学校、工人俱乐部、图书馆等工人教育机构，如长辛店劳动补习学校、安源路矿工人补习夜校等，向工人宣传革命思想、阐释劳动价值、进行革命教育，培养了一大批工人骨干，壮大了革命力量。这一时期，启发民众觉醒的重要内容，就是让工人阶级和广大劳动人民认识到劳动的价值，明白劳动是为自己创造幸福、为社会创造财富的道理，与剥削阶级展开斗争，以捍卫自己的权利。

二十世纪三四十年代，由于日本侵略军进行残酷"扫荡"、国民党顽固派实施经济封锁和华北等地连年遭受自然灾害，陕甘宁边区和敌后各抗日根据地在财政经济上日益困难，中国共产党在陕甘宁边区等革命根据地发出"自己动手、丰衣足食"的号召，发起了以劳动竞赛为主要形式的大生产运动，要求部队在不妨碍作战的条件下参加生产运动。陕甘宁边区党政军学人员和群众积极响应号召。除积极发展农业生产外，各抗日民主政府开办了许多自给工厂，军队、党政机关、学校也发展了部分自给经济。八路军第 359 旅开垦南泥湾，成为生产模范，涌现出一大批劳动模范，他们筚路蓝缕、艰苦奋斗，为生产自救、进行革命根据地建设做出了突出贡献。1943 年 11 月，毛泽东在中共中央招待陕甘宁边区劳动英雄大会上的讲话中指出："我们用自己动手的方法，达到了丰衣足食的目的。"大生产运动使各抗日根据地逐步达到了粮食和经费自给、半自给或部分自给，改善了物质生活，减轻了人民负担，密切了军民关系，顺利度过了抗日战争的最困难时期，为战胜日本帝国主义奠定了物质基础。大生产运动促进了以南泥湾精神为代表的劳动精神的传承与发展、弘扬与光大。劳动精神不仅鼓舞中国人民在中国共产党领导下取得了抗日战争、解放战争的胜利，更是中国共产党及其领导下的人民军队在困境中奋起、在艰苦中发展的强大精神力量源泉。

南泥湾精神

《南泥湾》这首家喻户晓、传唱至今的陕北民歌见证了抗日战争时期中国共产党自力更生、丰衣足食的奋斗史。开荒种田近 4 年，中国共产党战胜重重困难，把荆棘遍野、荒无人烟的南泥湾变成了陕北的"好江南"。

1941 年至 1942 年，是中国敌后抗战最困难的时期。中国共产党领导的各敌后抗日根据地，既要对付日、伪军的扫荡和清乡，又要和国民党顽固势力的军事包围和经济封锁作斗争。在这种情况下，1941 年 3 月，

劳模精神　劳动精神　工匠精神

八路军第359旅进驻了作为陕甘宁边区南大门的南泥湾，一边练兵，一边屯田垦荒。正是在开荒过程中，培育和形成了以艰苦奋斗、自力更生为核心的南泥湾精神。

第359旅刚开进南泥湾的时候，南泥湾还是一个梢林满山、荆棘遍野、野兽出没、人烟稀少的地方。没有房子住，战士们就露营，在用树枝搭起的简陋帐篷里住，遇到雨天衣服被子被淋湿，就烧火取暖，后搭草棚、打窑洞，解决了住的问题；粮食不够吃，就在饭里掺黑豆和榆树钱，旅团首长带头，冒着风雪严寒，到百里以外的延长等地去背粮；没有菜吃，战士们到山里挖野菜（如苦菜、地皮菜等），找榆树皮，收野鸡蛋，打猎（野猪、野鸡等），下河摸鱼；没有烧的，战士们就打柴烧木炭；穿得很困难，每个战士一年只发一套军衣，平时就缝缝补补，夏天光着膀子开荒、种地、打场，长裤改短裤，短裤改裤衩，裤衩磨破的布条打成草鞋，决不浪费；没有生产工具，他们自己制造；没有耕牛，就用䦆头；没有灯油，就用松树明子，或者把桦树皮卷成筒当灯点；缺少学习用具，就用桦树皮当纸，用炭当笔；没有擦枪油，就采集野杏仁榨油代替。部队在困难的时候，节衣缩食；在生产自给有余的时候，仍然勤俭节约，艰苦奋斗。旅首长曾向全旅发出号召："生产要多，消费要省。"1942年以后，部队虽然已经达到了粮食自给，还是将瓜菜、红薯、山药蛋等掺和在粮食里做"八宝饭"吃，而且每天仍然坚持吃两干一稀。从1941年起，部队基本上没有向上级领过被子。战士们被子里的棉絮，早就滚成一团团的疙瘩了，可是发下新被子时，战士们谁也不肯要，说："哪天不打败日本鬼子，哪天就不换被子。"总之，在短短的3年内，第359旅发扬"自力更生，艰苦奋斗"的革命精神，把荆棘遍野、荒无人烟的南泥湾变成了"到处是庄稼，遍地是牛羊"的陕北"好江南"。南泥湾由此成为大生产运动的一面旗帜。

南泥湾精神是民族精神、劳动精神在特定历史条件下的具体体现,是中国共产党和中华民族的宝贵财富和社会主义精神文明建设的重要支柱,在中国革命、建设和改革的过程中发挥了不可替代的重要作用。南泥湾精神具有重要的时代价值,2021年9月,党中央批准南泥湾精神被第一批纳入中国共产党人精神谱系。

3. 社会主义革命和建设时期:无私奉献、顽强拼搏

中华人民共和国成立后,中国共产党人把生产劳动与社会主义建设目标相联系,工农大众是社会主义事业的主要依靠力量,从建设中华人民共和国的战略高度肯定劳动者的价值。通过土地改革,世世代代贫苦农民和无数志士仁人梦寐以求的"耕者有其田"的夙愿,终于通过中国共产党领导的土地改革变为现实,极大地解放了农村生产力。搞好自己的工业化基础和基础设施建设,成了当时建设的紧迫任务。中华人民共和国成立初期,以恢复国民经济为目的的劳动竞赛迅速在全国掀起,工业、农业和商业战线都开展了各种不同形式的劳动竞赛,如农业战线的"爱国丰产竞赛"、商业战线的"六号红旗运动"等。通过开展竞赛活动,调动了生产积极性,促进了国民经济的恢复和发展,并且从根本上提升了"劳动"在人民心中的价值,大力弘扬了劳动精神。工农业生产经过几年恢复性建设与发展后,党中央及时提出"一化三改"的过渡时期总路线,社会主义工业化是总路线的主体。为此,国家制定并实施了第一个五年计划,集中力量推进156项重点工程建设,于1956年制造出第一辆解放牌汽车、第一架喷气式飞机和第一辆蒸汽机车。"一五"期间,基础工业得到加强,工业布局得到改善,而工业化又带动了城市建设。中共中央、政务院先后发布《关于各级领导人员参加体力劳动的指示》《关于下放干部进行劳动锻炼的指示》等文件,要求党政军各级工作人员定期同工人、农民一起参加劳动,群团组织也要积极动员群众融入以面向生产为方针的社会劳动。社会主义建设初期,党要求全体干部参加体力劳动,以保证继续发扬党联系群众、艰苦奋斗的传统。全体劳动者参与、投身到社会主义建设的大生产中，服务于社会主义革命和生产建设，不仅密切了党与群众的联系，而且使劳动精神得到了继承、发展。

4. 改革开放和社会主义现代化建设新时期：勇于拼搏、开拓创新

改革开放和社会主义现代化建设新时期，党中央围绕"以经济建设为中心"的基本路线和"集中力量进行社会主义现代化建设"的时代主题，开始迈向建设中国特色社会主义的征程。广大人民群众积极投身到社会主义现代化建设中，经济、文化、社会各项事业飞速发展。邓小平同志指出："科学技术叫生产力，科技人员就是劳动者。"在新科技革命形势下，劳动的内容和方式也发生了深刻变化，生产劳动的内涵从简单的体力劳动延伸扩展到脑力劳动。社会主义是干出来的，在经济体制改革进程中，工人阶级和农民等劳动群众作为改革的主力军做出了巨大的贡献。改革首先从农村开始，家庭联产承包责任制的施行解放了农村生产力，不仅快速解决了全国人民温饱问题，还极大地丰富了人民的物质生活。随后的乡镇企业蓬勃发展又为富余农村劳动力带来了工作、就业机会，农民工群体为国家城镇化和现代化发展做出了重大贡献。改革开放时期，知识分子也被纳入了工人阶级。在改革开放中，中国共产党始终坚持工人阶级主力军的地位，发挥工人阶级的主人翁作用。实践表明，改革开放和社会主义现代化建设新时期的劳动精神以"劳动光荣、实干兴邦"的新内涵，成为社会主义现代化事业的精神标识；聪明才智、辛勤汗水、刻苦耐劳，是中国式现代化道路的力量基石。

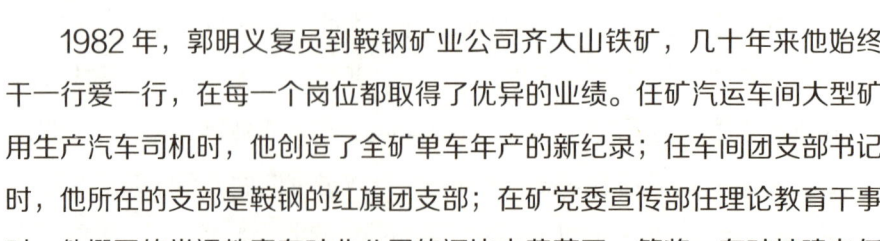

"超常付出"的改革楷模

1982年，郭明义复员到鞍钢矿业公司齐大山铁矿，几十年来他始终干一行爱一行，在每一个岗位都取得了优异的业绩。任矿汽运车间大型矿用生产汽车司机时，他创造了全矿单车年产的新纪录；任车间团支部书记时，他所在的支部是鞍钢的红旗团支部；在矿党委宣传部任理论教育干事时，他撰写的党课教案在矿业公司的评比中荣获了一等奖；在矿扩建办任

英文翻译时，他以天天最早到、最晚走的敬业精神，赢得外方专家的赞誉，他凭借认真负责的精神，发现 5 台电动轮生产汽车存在质量问题，为矿里赢得了外方公司 10 万美元的赔偿。1996 年，他开始担任采场公路管理员，像一颗螺丝钉一样，他把自己牢牢嵌在这个亚洲最大的露天铁矿采场，在异常艰苦的岗位上工作了 20 多年。

指挥生产的郭明义

为了准确了解路况，他把自己的办公室从矿机关移到了露天采场。无论是漫天大雪，还是酷日当头，他每天坚持徒步巡检段高落差 200 多米的采场道路，每天都提前 2 个小时上班，双休日、节假日从不休息，累计献工 18 000 多小时，累计走了 70 000 多千米。而天气越是不好时，修路的任务就越重，为了完成紧急工作任务，他被冻伤过耳朵和手脚，还几次中暑晕倒在采场里。郭明义可不只是个埋头苦干的人，更是一个会干的人。他研制出的采场公路建设新工艺、新技术和新流程，填补了鞍钢的技术空白。他主修的高标准采场公路，为企业降耗增效近 4 000 万元。他提出的改矿石破碎站一侧进车为双向进车的建议，一年就为企业降耗 200 多万元；研发的路料配备新方案，大幅度降低了路料的使用成本，获评合理化建议一等奖。在工作上坚强如铁的郭明义，却有一颗最柔软的心，看不得任何人受苦落难。两名工友的孩子得了严重的血液病，他带头捐款，还发动大家都来捐献造血干细胞。仅在齐矿采矿车间的一个班组，30多名职工中，就有23人受到过他的直接帮助。2009年7月，他在鞍钢发起成立了郭明义爱心团队，到2022年，已经走向了全国，成为全国有1400多支分队、240多万名志愿者的庞大的民间志愿服务组织，并像滚雪球般地不断发展壮大。

案例分析 郭明义是中国千千万万普通劳动者的优秀代表，是改革开放和社会主义现代化建设新时期最美的奋斗者，他不仅在本职工作岗位上兢兢业业、恪尽职守、不断学习、开拓进取，还积极帮助他人，热心公益。不论获得多少荣誉，不论职务有多高，在他的心中，永远燃烧着为党分忧、为企奉献、为民解愁的热望，始终在平凡岗位上不懈奋斗，他是当之无愧的当代雷锋，是当之无愧的劳动精神的生动实践者。

劳动精神的发展融汇了马克思主义劳动价值观的思想精髓，体现了广大劳动者劳动实践的丰硕成果，继承了中华传统文化的优秀基因，生动诠释了社会主义核心价值观。改革开放以来，三峡工程竣工、南水北调、西气东输、"嫦娥"飞天、"蛟龙"潜海……众多劳动者经年累月的辛勤奋斗创造了"中国奇迹"。新时代，劳动的范畴和内涵不断延展，以数字劳动等为代表的新劳动形式不断丰富着劳动精神的内涵。习近平总书记强调，建成富强、民主、文明、和谐的社会主义现代化国家，根本上靠劳动、靠劳动者创造。劳动是一切成功的必经之路。全国各族人民正满怀信心为实现"第二个一百年"奋斗目标而努力，这归根到底要靠辛勤劳动、诚实劳动、科学劳动。

5. 中国特色社会主义新时代：人民创造历史、劳动开创未来

进入新时代，劳动精神充分肯定了劳动人民的主体地位，尊重和鼓励一切劳动者

及他们的劳动创造，使广大人民群众在劳动中感受到幸福感和获得感。另外，劳动精神坚持劳动使人幸福的理念，鼓励劳动者通过辛勤劳动获得实实在在的利益，更加公平地享有劳动成果。新时代弘扬劳动精神，就是激励广大劳动者积极投身于中国特色社会主义建设伟大事业之中。

问天实验舱成功发射，神舟十四号任务圆满收官；C919取得型号合格证，国产大飞机逐梦蓝天；我国完全自主设计建设的首艘弹射型航空母舰福建舰下水……一项项创新成果举世瞩目。新时代赋予劳动精神以新的内涵，崇尚劳动、热爱劳动、辛勤劳动、诚实劳动的劳动精神，是从千千万万劳动群众身上提炼和升华出来的精神气质，是新时代劳动者劳动意识、劳动理念、劳动态度、劳动习惯的集中展示。当前，我们已经全面建成小康社会，正在为实现第二个百年奋斗目标不懈奋斗。立足新发展阶段，贯彻新发展理念，构建新发展格局，推动高质量发展，实现共同富裕，必须大力弘扬劳动精神，高度重视劳动、尊重劳动，贯彻尊重劳动、尊重知识、尊重人才、尊重创造的方针，营造鼓励脚踏实地、勤劳创业、实业致富的社会氛围，引导广大劳动者通过劳动创造美好幸福生活。

三、劳动精神的时代价值

劳动精神是中国共产党人精神谱系的重要组成部分，是以爱国主义为核心的民族精神和以改革创新为核心的时代精神的生动体现，是鼓舞全党全国各族人民风雨无阻、勇敢前进的强大精神动力。不论时代怎么发展，劳动形式怎么变化，劳动精神永不过时，树立正确的劳动价值观，弘扬劳动精神，创造美好生活是当下中国人的精神追求，也是建立文化自信的一个历史基点。新时代劳动精神彰显了"辛勤劳动、诚实劳动、创造性劳动"的新理念，倡导"劳动光荣、技能宝贵、创造伟大"的时代风尚，生成了一种"劳动者至上、劳动者平等、劳动者可敬、劳动最光荣、劳动最崇高、劳动最伟大、劳动最美丽"的劳动观。

1. 更加尊重劳动、崇尚劳动

尊重劳动、崇尚劳动是新时代劳动精神的核心要义。首先，崇尚劳动就是要让每一位劳动者认识到劳动的重大价值，树立劳动最光荣的理念。习近平总书记指出，劳动开创未来，劳动是推动人类社会进步的根本力量，劳动是财富的源泉，也是幸福的源泉。劳动创造了中华民族，造就了中华民族的辉煌历史，也必将创造出中华民族的

劳模精神　劳动精神　工匠精神

光明未来。劳动是一切成功的必经之路。人类是劳动创造的，社会是劳动创造的。劳动没有高低贵贱之分，任何一份职业都很光荣。劳动不仅创造了世界和人，而且创造了人类生存和社会进步必要的物质基础，因此一切劳动都应该得到尊重。其次，崇尚劳动本质上是崇尚劳动者。劳动的主体是劳动者，劳动的成果满足劳动者的需要。因此，不仅要尊重劳动的过程，还要尊重劳动者，尊重和珍惜他人的劳动成果和创造的价值。只要是有益于人民和社会的劳动，都是人类历史发展不可或缺的内容和推动力量，都应该得到承认、保护和尊重。

2. 更加倡导劳动平等

劳动是公民的基本权利，而劳动平等是维护劳动权利的基本条件和维护劳动尊严的基本保障。首先，劳动平等强调人人平等的劳动机会，即所有的劳动者能够有机会平等地参与劳动，从平等中体现劳动的价值，体现对劳动和劳动者的尊重。其次，所有的劳动没有高低贵贱之分，每一份职业都是光荣的，体力劳动、脑力劳动都值得尊重和鼓励。不论是普通工人、农民所从事的创造社会财富的基础性劳动，还是知识分子的创造性劳动，或是自由职业者的劳动，只要为社会主义事业的发展做出了贡献，都是伟大的、光荣的、美丽的。

3. 更加提倡创造性劳动

新时代科学技术高速发展，新时代劳动精神更加注重创造性。创造性劳动是以知识、技能、情感的再造为基本特征，以创新、创先、创优为基本表现形式，以促进人的全面发展和社会全面进步为根本目标的劳动。从小处说，一个人取得突出的成就，其中无不包含"创造性劳动"的因子；往大了看，人类劳动由低级形态向高级形态发展，最主要的标志是创造性劳动数量和水平的增长；从一定意义上说，创造性劳动是人类社会发展的根本力量。习近平总书记强调"将辛勤劳动、诚实劳动、创造性劳动作为自觉行为"，进一步凸显了"创造性劳动"的价值。在实施创新驱动国家发展战略的背景下，新时代劳动精神更加倡导追求卓越的创新精神，更加倡导创造性劳动。

4. 更加倡导劳动光荣

新时代的劳动精神倡导每个劳动者通过自己的劳动，实现自我价值和社会价值，收获成就感、满足感，在创造物质财富的同时，拥有丰富的精神世界。劳动者可以通过劳动充分发挥自身的积极性与创造性，追求个体幸福，实现自我理想和价值。同时，通过劳动磨砺人的意志，培养勤俭节约、勤劳勇敢、艰苦奋斗、坚韧不拔等精神品质。从全社会来看，劳动推动社会进步，人们用自己的辛勤汗水和努力奋斗为推动社会文明进步做出贡献，用自己的劳动成就书写平凡中的伟大，实现个人价值与社会价值的统一。

战旗村的故事

2022年4月，四川省成都市郫都区战旗村，刚刚收割完地里的早春油菜，战旗村的党支部书记高德敏正忙着组织村民们栽上一茬生菜。料理完地里的蔬菜，高德敏马不停蹄赶往村口。停车场正在整治提升，这是为村里生态旅游的发展而建的配套设施。新改造的高标准农田要加紧通上灌渠，才不耽误晚稻的耕作。对50多岁的高德敏来说，忙忙碌碌的每一天已是常态。从小，他就是在这样的氛围中长大的。

20世纪50年代，战旗村的名字还是集凤大队，60年代全国上下大修水利的时候，这个村因为敢于拼搏、奋勇争先而成为水利建设的一面旗帜，名字也从集凤大队改为战旗大队。辛勤劳动换来的是截然不同的收益，水利工程使田地的排灌能力提高，农作物产量大幅增加。

当年的劳动成果在多年之后仍被村民们津津乐道，那些口口相传的奋斗故事已转化为战旗村人对于"劳动创造幸福"的坚定信念。从改革开放之初，投资建立了全县第一个机砖厂，到2015年敲响四川省农村集体经营性建设用地入市"第一槌"，再到脱贫致富奔小康，战旗村的人们用实际行动诠释了"崇尚劳动、热爱劳动、辛勤劳动、诚实劳动"的劳动精神，也收获了今天的富足和喜悦。

战旗村的故事，正是广大农村劳动者们不懈奋斗，从贫穷走向富裕的一个缩影。"劳动创造幸福，实干成就伟业。"习近平总书记曾在不同场合多次强调要弘扬劳动精神，强调"人民群众是真正的英雄，社会主义是干出来的"。

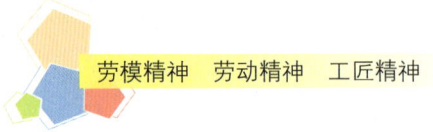

劳模精神 劳动精神 工匠精神

小结与思考

　　劳动精神在中华民族优秀传统文化中滋养、延续和传承，又结合了马克思主义价值观，在中国共产党领导下，在中国特色社会主义建设伟大实践中得到了发展和弘扬。

以下问题值得我们探究与思考。

1. 你如何看待中华优秀传统文化中的劳动精神？
2. 劳动精神在今天是否过时，请谈谈你的看法。

第 2 节 理解劳动精神

核心要素

劳动精神的特征
劳动精神的内涵

建立在马克思主义劳动观理论基石上的劳动精神，汲取了中华优秀传统文化中的劳动理念，在中国人民伟大社会历史实践之中形成，在中国特色社会主义新时代得到了不断丰富和发展。习近平总书记指出："我们要在全社会大力弘扬劳动光荣、知识崇高、人才宝贵、创造伟大的时代新风，促使全体社会成员弘扬劳动精神，推动全社会热爱劳动、投身劳动、爱岗敬业，为改革开放和社会主义现代化建设贡献智慧和力量。"新时代劳动者更应该以爱岗敬业、勤奋务实为自身本色，诚实守信、艰苦奋斗为鲜明特色，敢于挑战、勇于创新为时代亮色，在新时代积极践行劳动精神。

一、劳动精神的含义与特征

1. 劳动精神的含义

劳动精神是每一位劳动者为创造美好幸福生活而在奋斗过程中秉持的基本态度、价值理念及其展现出来的精神风貌。2020 年 11 月 24 日，习近平总书记在全国劳动模范和先进工作者表彰大会上的讲话中指出，在长期实践中，我们培育形成了崇尚劳动、热爱劳动、辛勤劳动、诚实劳动的劳动精神。这是中国共产党第一次明确了劳动精神的内涵。

2. 劳动精神的特征

劳动精神包含社会性、实践性、历史性、人民性和教育性等特征。其中，社会性是前提，实践性是基础，历史性是保障，人民性是立场，教育性是目标。

（1）社会性。马克思指出，劳动只有作为社会的劳动，只有在社会中才能成为财富和文化的源泉。劳动精神代表的是一种先进的社会文化理念。劳动精神不仅产生于人类社会产生和发展过程中，而且对于人类社会的发展和进步也起到了重要的引领作用。

（2）实践性。劳动是人类特有的基本的社会实践活动，是人通过有目的的活动改造自然对象并在这一活动中改造自身的过程。全部的人类历史是由人们的实践活动构成的。劳动精神的实践性指的是劳动精神是在劳动实践中产生的。劳动本身就是一种实践，劳动精神不能离开劳动实践而凭空存在。

（3）历史性。劳动精神的历史性指的是劳动精神既是创造历史的动力，也是劳动历史的产物。人类在劳动中不断总结经验，凝聚智慧，制作劳动工具，改进生产技术。劳动创造了人类和历史，人类和历史也留下了劳动文明和劳动精神。

（4）人民性。劳动精神的人民性体现的是马克思主义劳动观的立场，展现的是对社会主义、共产主义的价值追求。马克思主义劳动观坚持人民群众是社会物质财富和精神财富的创造者，是社会进步的决定力量。

（5）教育性。劳动精神的教育性是指劳动精神既是劳动教育的重要内容，也是发挥劳动自身教育功能的具体表现。进行劳动精神教育，就是要大力宣传辛勤劳动、诚实劳动、创造性劳动的典型人物和事迹，弘扬劳动光荣、创造伟大的主旋律，反对一切不劳而获、贪图享乐的错误观念，营造全社会弘扬和践行劳动精神的良好氛围。

二、劳动精神的内涵

1. 崇尚劳动

崇尚劳动是对劳动的价值认同。劳动不仅是人类赖以生存的基础，更是社会发展进步的决定力量。劳动创造了人类生存所必需的全部物质条件和精神条件，是人类存在和社会发展的前提。人们从劳动过程中获得快乐，从劳动果实中赢得尊重。人类之所以发展、社会之所以进步的原动力，就是对劳动的科学认知和矢志传承。劳动是人们生活的第一需要，是人们追求美满幸福的现实基础，我们生活中的点点滴滴都离不开劳动，人类将种子播种收获粮食、把蚕丝纺作锦缎、把谷物酿成美酒，于是有了丰富的食物和蔽体的衣服。劳动不仅养育我们人类，也创造了我们丰富的人类文明，留下了丰富的物质遗产和精神文化遗产。流传千古的诗歌、生动威武的兵马俑、雄伟壮丽的故宫、蜿蜒曲折的青藏铁路、遨游太空的神舟飞船，这一切无不是劳动的成果。习近平总书记指出，劳动是人类的本质活动，劳动光荣、创造伟大是对人类文明进步规律的重要诠释。无论时代条件如何变化，我们始终都要崇尚劳动、尊重劳动者，始终重视发挥工人阶级和广大劳动群众的主力军作用。中华人民共和国成立以后涌现出"铁人"王进喜、"一抓准、一口清"的张秉贵、"高炉卫士"孟泰等一大批典型劳动模范，书写出一首首属于平凡劳动人民的赞歌，改变了旧中国一穷二白的落后面貌。2019年新型冠状病毒感染疫情暴发以来，全国广大劳动者积极投身疫情防控的挑战中，逆行出征、救死扶伤、坚守岗位、复工复产。正是有他们的崇尚劳动精神为引领，才托起了新时代的中国梦，为实现全面建成小康社会、迈向新时代打下了坚实基础。

2. 热爱劳动

热爱劳动是对劳动的情感认同。情感是态度的核心成分。热爱劳动是在对劳动崇尚和追求的基础上，对劳动行为的一种内在选择和情感表达，比崇尚劳动上升了一个新的层次，即对劳动的态度由自在阶段达到自为阶段，表现为对劳动内心的热爱和行为的习惯。有句话说得好："干一行，爱一行。"说的就是劳动精神中的热爱劳动。习近平总书记指出，"三心二意、心猿意马，是不能把工作干好的"，"心浮气躁，朝三暮四，学一门丢一门，干一行弃一行，无论为学还是创业，都是最忌讳的"。爱岗敬业、热爱劳动是干好工作的重要前提，是一个人应有的职业操守，也是社会主义核心价值观的基本要求。一切劳动者，只要立足岗位和本职工作，热爱本职工作，兢兢业业把工作做好，就能在劳动中发现广阔的天地，在劳动中体现价值、展现风采、感受快乐。"干一行，爱一行"是爱岗敬业的最好体现，是热爱劳动的集中表现。提倡爱岗敬业、热爱劳动，并不是要求人们终身只能干"一"行，爱"一"行，并不排斥人的全面发展。我们不能把忠于职守、爱岗敬业、热爱劳动，理解为绝对地、终身地只能从事某个职业，而是从事了一个职业就应该热爱这个职业。从职业道德来分析，"干一行，爱一行"是职业道德中最基本而又最重要的要求。在每一个具体的岗位上，无论平凡与否，都应该忠于职守，尽职尽责。我们每一个人都有责任和义务去做好自己的本职工作，这是一种良好的职业道德和人生态度。

劳模精神 劳动精神 工匠精神

3. 辛勤劳动

辛勤劳动是对劳动的实践认同。劳动在本质上是实践的，包括人改造自然的生产实践、变革社会关系的社会实践和探索世界规律的科学实践活动，这些实践的过程必须通过辛勤劳动去实现，需要劳动者勤奋敬业、埋头苦干、辛辛苦苦、勤勤恳恳地为他人和社会提供产品和服务。习近平总书记强调，梦想属于每一个人，广大劳动群众要敢想敢干、敢于追梦。说到底，实现中华民族伟大复兴的中国梦，要靠各行各业人们的辛勤劳动。现在，党和国家事业发展空间很大，只要有志气有闯劲，普通劳动者也可以在宽广舞台上展示自己的人生价值。"民生在勤，勤则不匮""业精于勤荒于嬉"，这是我们祖先圣贤对辛勤劳动的劝诫。中华民族是一个勤劳的民族，勤劳是中国人的优秀品质、传统美德。勤劳对个人进步和国家发展具有重要的意义，广大劳动者辛勤劳作、艰苦奋斗，既创造了辉煌的中华文明，又谱写出"换了人间"的壮丽史诗。对个体劳动者来说，只有辛勤劳动才能拥有美好生活，只有辛勤劳动才能实现个人价值。劳动是一切幸福的源泉，要靠勤劳的双手去创造一切美好的生活，要靠点滴的实践去实现伟大的中国梦。在新时代，广大劳动者要立足现实实践，勤于劳动、积极作为，在追求个人理想生活、实现个人理想价值的过程中，为创造更多人的幸福、实现更大的社会价值做出贡献。

面向国际舞台的金牌讲解员韩笑

韩笑，作为首都公园行业一名普通的"80后"讲解员，始终扎根导游讲解一线，用自己的实际行动，传播着中华园林优秀历史文化，被誉为"金牌讲解员""最美园林人"，她平均每年接待来自世界各地的游客1 000余人次，圆满完成重大内外事任务超过720次。2015年她被授予全国劳动模范荣誉称号。

2008年北京奥运会前夕，韩笑入职颐和园，从事导游讲解接待工作。作为英语专业八级的高才生,她入职第一天,就希望能用自己所学为这座皇家园林的发展贡献一份力量。于是,她把全部的精力投入工作中,如饥似渴地每天在这座皇家园林里汲取着文化养分。对于本职工作,韩笑精益求精,专心钻研讲解和接待服务技巧,虚心向周围有讲解经验的同事请教。利用岗下时间广泛涉猎一切有关颐和园及中国园林历史文化、园林建筑等方面的知识,实地对照讲解词,充实讲解内容。仅3个月时间,韩笑就从新手迅速成长为一名专业讲解员。同时,她发挥英语特长,利用业余时间进行中英文讲解词互译,不断练习掌握,很快成为一名中英双语讲解员。

  2014年11月,颐和园圆满完成了APEC会议领导人配偶游园活动。韩笑与5名讲解员同事一起,承担了这次高规格导游讲解任务,并担任核心讲解员,直接为代表夫人进行全程导游讲解服务。短短两个小时的讲解,背后是120天高强度的精心准备。从参加培训到撰写讲解词、再到实操演练、现场的模拟演练,每一个环节都精雕细琢、精益求精。这一年对于韩笑而言是既辛苦又充满喜悦和荣耀的一年。2017年5月,"一带一路"国际合作高峰论坛在北京召开。韩笑深知要义不容辞承担起相关重要国事活动、重大外事接待任务以及服务好慕名前来的游客。外事无小事,韩笑与其他同事一道进行全方位的备战和筹备,反复推敲,充分考虑中外差异、文化融合以及相关国家的背景、习俗、禁忌等细节,经过来回二三十次的反复雕琢和推敲,最终针对3条讲解路线准备了6套讲解词,并先后20余次实地演练培训。当得知自己要接待匈牙利总理时,她利用业余时间对匈牙利国家的历史背景、地理、文化等进行了全面学习,以保证在接待过程中为外宾提供最佳服务。5月14日上午,韩笑圆满出色完成匈牙利总理和夫人来颐和园参观的讲解接待任务,她的接待服务得到来宾、中外接待部门和领导的高度称赞。

  作为一名"80后",韩笑通过自己的讲解向世人展示了中国传统文化的魅力,展现了中国劳动者的风采和热情。

劳模精神 劳动精神 工匠精神

案例分析　"尽力为游客多做一点"是韩笑经常挂在嘴边的话，在平凡的讲解员岗位上辛勤劳动，努力提高自身的专业能力和工作水平，她的辛勤付出也浇灌出了丰硕的成果，实现了个人价值和职业梦想。

4. 诚实劳动

诚实劳动是对劳动的道德认同。这是劳动者在客观世界劳动过程中的一种境界，既是对待劳动的道德准则，也是劳动者的行为规范。诚实劳动要求劳动者在劳动过程中恪尽职守、遵规守纪，内诚于心、外信于人，言行一致、诚实守信，达到内在道德修养与外在行为准则的统一。"人无信不立，业无信不兴。"劳动既是个体实践，也是社会、群体行为。习近平总书记说："人世间的美好梦想，只有通过诚实劳动才能实现；发展中的各种难题，只有通过诚实劳动才能破解；生命里的一切辉煌，只有通过诚实劳动才能铸就。""我们要在全社会大力弘扬劳动精神，提倡通过诚实劳动来实现人生的梦想、改变自己的命运，反对一切不劳而获、投机取巧、贪图享乐的思想。"我们的社会崇尚的是诚实劳动，任何投机取巧、不讲信用、偷工减料、制假售假、抄袭盗版等欺诈行为，即使能够通过瞒与骗的不当手段达到一时的目的，但最终都会身败名裂，被社会所唾弃。

老老实实做人，结结实实盖房

"老老实实做人，结结实实盖房"是范玉恕始终坚持的职业信条，他许诺：不向社会交付一平方米不合格工程。为兑现诺言，范玉恕把全部心血都用在了提高工程质量上。在每项工程施工中，他都坚持制定一个高于国家要求的质量标准，拿出一套质量创优的措施，建立一套完备的质量保证体系，做出每道工序的质量样板。1999年，范玉恕负责的所有工程质量全部优良，创造出天津建筑史上的"四个第一"，两次获得全国建筑行业最高奖——鲁班奖，被誉为"群众信得过的建房人"。

为兑现诺言，范玉恕始终坚持"四个一样"：大事和小事一个样，外露工程和隐蔽工程一个样，分内事和分外事一个样，有要求和没要求一个样。工程无论大小，为确保所有工序都能达到一次全优，他每天死盯现场，严把质量关。他几乎放弃了所有的节假日，把自己负责的几十个工地转个遍。为兑现诺言，范玉恕坚守一线阵地，坚持严细管理。2004年6月，范玉恕担任北京奥运工程——奥体中心运动员公寓工程项目经理，他向建设单位承诺，"奥运会运动健儿要夺金牌，奥运工程我们更要争第一"。当时正值酷暑，地面温度达到50摄氏度，他一天也没离开过施工现场，做到制定施工方案一盯到底，关键部位一盯到底，工艺难关一盯到底，交叉作业一盯到底，质量验收一盯到底，带领员工从一张图纸、一根钢筋、一块砖、一车混凝土抓起，严严实实地把住了每一道质量关，最终该工程被评为北京市建筑工程质量最高奖——长城杯金奖。从事施工管理40余年来，范玉恕先后组织完成了30项、50余万平方米的重大施工任务，工程质量项项优良。范玉恕以实际行动兑现了"不向社会交付一平方米不合格工程"的承诺。范玉恕先后被授予全国十大杰出职工、全国劳动模范、全国建设系统风云人物等荣誉称号，2002年当选为党的十六大代表。

劳模精神　劳动精神　工匠精神

案例分析

　　生活中像范玉恕这样优秀、平凡的劳动者在我们的身边并不少见，他们数十年如一日，无私奉献，勤勤恳恳、踏踏实实工作，不投机取巧，不偷奸耍滑。用辛勤、诚实的劳动，创造了美好未来。

小结与思考

　　新时代劳动精神内涵丰富，特征鲜明。崇尚劳动是对劳动的价值认同；热爱劳动是对劳动的情感认同；辛勤劳动是对劳动的实践认同；诚实劳动是对劳动的道德认同。

　　以下问题值得我们探究与思考。
1. 新时代劳动精神与传统劳动精神有什么不同？
2. 你对新时代劳动精神是如何理解的？

第3节　践行劳动精神

核心要素

知行合一
感知身边

习近平总书记指出："人生在勤，勤则不匮。"幸福不会从天降，美好生活靠劳动创造。三百六十行，行行出状元。任何一名劳动者，要想在百舸争流、千帆竞发的时代洪流中勇立潮头，在不进则退、不强则弱的竞争中赢得优势，在报效祖国、服务人民的人生中有所作为，就要孜孜不倦学习、勤勉奋发干事。截至2021年年底，我国技能人才总量超过2亿人。技能是强国之基、立业之本，"技术工人队伍是支撑中国制造、中国创造的重要力量。"2022年4月，习近平总书记致信祝贺首届大国工匠创新交流大会举办，强调"我国工人阶级和广大劳动群众要大力弘扬劳模精神、劳动精神、工匠精神，适应当今世界科技革命和产业变革的需要，勤学苦练、深入钻研，勇于创新、敢为人先，不断提高技术技能水平，为推动高质量发展、实施制造强国战略、全面建设社会主义现代化国家贡献智慧和力量。"这为技能人才践行劳动精神指明了方向。进入新发展阶段，技能人才要以崇尚劳动的职业精神筑基中国经济的大厦，以热爱劳动、辛勤劳动夯实国家发展的基石，以诚实劳动逐梦出彩，投身到中国特色社会主义现代化强国建设的历史大潮中，以技能成才、技能强国为目标，奋勇拼搏，不负韶华。

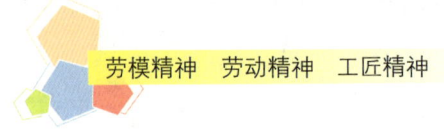

劳模精神　劳动精神　工匠精神

一、知行合一：加强对劳动精神的理性认识

在日常工作中，技能人才要加强对马克思主义劳动价值观的学习，结合时代发展，学习习近平总书记关于劳动的重要论述，树立正确的劳动价值观、加强对劳动精神的理性认识，在本职工作中自觉践行劳动精神，做到知行合一。

1. 加强理论学习

思想是行为的先导，认知是行动的前提。新时代，要造就一支宏大的知识型、技能型、创新型劳动者大军，适应新一轮科技革命和产业变革要求，让更多劳动者成为创新驱动发展的骨干力量，更应强调脑力劳动与体力劳动结合的劳动教育，这是实现劳动者全面发展的必由之路，是推动高质量发展的有力支撑，是助力全面建设社会主义现代化强国的重要途径。因此，应通过加强理论学习，纠正对劳动精神的认知偏差，这样才能促进对劳动精神的全面理解。通过对劳动精神的内涵及其价值意蕴和鲜活案例的学习，掌握科学的、进步的劳动价值观，认同劳动创造美好生活的观点，使思想与时代发展变化同步，从而促进劳动者在实际行动中做到言行一致。

2. 开展实践锻炼

养成正确的劳动价值观和劳动精神要体现在实际行动、实际工作岗位中。劳动实践活动是树立劳动认知、培养劳动情感、坚定劳动意志及锻炼劳动技能的有效途径。开展劳动实践学习，既要依托实际工作，也要借助社会实践教育资源，通过社会劳动活动养成良好的劳动品格。

习近平致信首届全国职业技能大赛

中华人民共和国第一届职业技能大赛2020年12月10日在广东省广州市开幕。中共中央总书记、国家主席、中央军委主席习近平发来贺信，向大赛的举办表示热烈的祝贺，向参赛选手和广大技能人才致以诚挚的问候。

习近平总书记在贺信中指出，技术工人队伍是支撑中国制造、中国创造的重要力量。职业技能竞赛为广大技能人才提供了展示精湛技能、相互切磋技艺的平台，对壮大技术工人队伍、推动经济社会发展具有积极作用。希望广大参赛选手奋勇拼搏、争创佳绩，展现新时代技能人才的风采。

习近平总书记强调，各级党委和政府要高度重视技能人才工作，大力弘扬劳模精神、劳动精神、工匠精神，激励更多劳动者特别是青年一代走技能成才、技能报国之路，培养更多高技能人才和大国工匠，为全面建设社会主义现代化国家提供有力人才保障。

经国务院批准，人力资源和社会保障部从 2020 年起举办全国职业技能大赛。首届大赛以"新时代 新技能 新梦想"为主题，设 86 个比赛项目，共有 2 500 多名选手、2 300 多名裁判人员参赛，是中华人民共和国成立以来规格最高、项目最多、规模最大、水平最高的综合性国家职业技能赛事。

技能人才队伍是支撑中国经济的重要力量。职业技能竞赛为广大技能人才提供了展示精湛技能、相互切磋技艺的平台，对加强践行劳动精神典型榜样的舆论宣传、营造践行劳动精神的良好氛围及壮大技能人才队伍、推动经济社会发展具有积极作用。

二、感知身边：加强对劳动精神的情感认同

践行劳动精神不能仅仅简单地停留在对基础理论的把握上，还要把劳动精神升华为情感认同。我们身边有千千万万普通的劳动者，他们热爱劳动、热爱自己的工作，用实际行动处处体现、践行了劳动精神。新时代的技能人才是劳动创造者，是实干家，技能人才中的杰出代表身上体现着新时代劳动精神，展现出了深厚的劳动情怀。榜样的力量是无穷无尽的，具有示范、激励等多种功能。劳动精神情感认同就是对身边的劳动榜样、劳动事迹在情感上产生共鸣，并转化为自我积极情绪的劳动行动，并且以身边劳动榜样的标准来严格要求自己。

看着亲手打造部件的重型装备从天安门前经过

因为加工的产品会直接影响到坦克的射击精度,梁兵加工的零件精度往往都是微米级,"光电瞄准产品 0.01 毫米的误差,坦克、装甲车到了战场就难以准确击中目标。"毕业后,梁兵从一名普通技校生成长为中国兵器工业集团河南平原光电有限公司首席技师。一路走来,他载誉无数。先后荣获中华技能大奖,全国五一劳动奖章、全国劳动模范称号。问及让他感到最骄傲的时刻,他谈到了 2015 年。那一年,他受邀参加纪念中国人民抗日战争暨世界反法西斯战争 70 周年大会阅兵式观礼,"感受到国家对技能人才的重视和尊重"。当看到由自己和工友们亲手打造部件的重型装备排着整齐的队伍从天安门前缓缓经过时,梁兵内心一股强烈的职业自豪感油然而生,"里面有很多零件就是我亲手打造的。"

工作中的梁兵

"精工利器,匠心铸魂",这是梁兵的座右铭。"未来,我们国家由制造大国向制造强国迈进,需要千千万万的掌握绝招绝技、有技能本领的青年工匠。"梁兵说。一枝独秀不是春,百花齐放春满园。2011 年 12 月,以梁兵名字命名的梁兵技能大师工作室在河南平原光电有限公司挂牌。截至 2022 年 4 月，该工作室共有成员 23 名，包括高级工程师 10 名、工程师 2 名、高级技师 6 名、技师 5 名。工作室成立以来，梁兵不断在人才培养、带技能人才队伍上下功夫。在他的带动下，陆续组织开展数控设备高速加工、软件编程、异型零件难关突破等内容的大师讲堂活动。如今，这里已成为公司技能人才"切磋技艺"的大本营。在他的团队里，没有职位高低的等级划分，没有年龄性别的区别对待，谁能寻找"好点子""新办法"，谁就是技术骨干和带头人。为了提高团队发现问题、解决问题的效率，梁兵以工作室为平台，在车间创新提出了"现场微课堂"模式。团队里谁遇到问题，大家就直接聚在生产一线结合实践就地分析、讨论解决。在这种传帮带和教学相长的机制下，一大批年轻技能人才脱颖而出：他们当中有巾帼英杰，有代表河南省参加全国数控技能大赛的"90后"技术能手，也有一直保持零部件良品率 100% 的优秀数控程序编制员。除了培养人才，梁兵技能大师工作室还承担着企业的技术攻关任务。自梁兵技能大师工作室成立以来，他带领团队成员攻坚克难解决了 19 项国家重点型号产品配套零件的加工难题，攻克解决了 120 余项技术瓶颈，累计为企业创造经济效益 7 300 余万元。在梁兵看来，制造强国，归根结底需要人才支撑。除了做好当下工作外，更要做好人才培养。"作为一名基层的技能人员，我有责任带动身边的年轻技能人员，走技能成才、技能报国之路。在制造强国和兵器事业的发展方面，努力贡献我们技能人员的力量。"梁兵说。

案例分析

静得下心，耐得住寂寞，甘于吃苦，是技能人才快速成长的必备素质。梁兵在工作中注重践行劳动精神，他对待工作的态度，对产品质量的极致追求，最终都会体现在产品中。

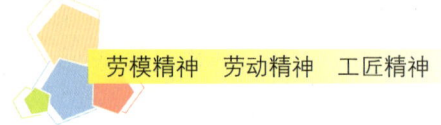

劳模精神　劳动精神　工匠精神

1. 尽职尽责：加强对劳动精神的不断实践

为适应当今世界科技革命和产业变革的需要，技能人才要结合工作，勤学苦练、深入钻研；注重创新创业，勇于创新、敢为人先，不断提高技术技能水平。要坚持勤恳踏实的工作作风，将践行劳动精神与工作实践结合，提高践行劳动精神的自觉性和主动性，使践行劳动精神常态化，为推动高质量发展、全面建设社会主义现代化强国贡献智慧和力量。

（1）坚守职业道德。高素质的技能人才不仅要有扎实的专业技能，更要有良好的职业道德素养。职业道德是职业人在岗位上从事劳动需要遵守的道德规范。《新时代公民道德建设实施纲要》中提到：推动践行以爱岗敬业、诚实守信、办事公道、热情服务、奉献社会为主要内容的职业道德，鼓励人们在工作中做一个好建设者。劳动精神内涵中的"热爱劳动""诚实劳动"与纲要要求一致。坚守职业道德是践行劳动精神的内在要求。

（2）提升职业技能。职业技能指劳动者在岗位上从事劳动所需要的技能。劳动精神内涵中的热爱劳动、辛勤劳动，必定要求劳动者在技术创新、产品质量提升等方面做出不懈努力，在品质上追求完美，技术上追求超越，态度上追求严谨，理想信念上追求高远，同时促进劳动者自身技能水平的提升。

（3）磨炼劳动意志。劳动意志是稳定劳动情感、升华劳动精神的重要因素。在物质生活较为丰富的今天，大部分人能够接纳和完成如生活劳动、生产劳动等基础劳动。但是，难能可贵的是秉承深厚、坚定的劳动意志自觉践行劳动精神，实现个人价值与社会价值的统一。优秀的劳动品质和坚韧的劳动意志都是新时代技能人才应该具备的品质。

精研技艺　气焊薄铝

薄铝类金属焊接难度高，极易焊穿，而在丁照民手中，厚度不超0.3毫米的铝制品上的小孔也可以实现气焊焊补。钻研技艺、博采众长、攻克难题……从业以来，丁照民先后获得全国技术能手、全国劳动模范、第十四届中华技能大奖等荣誉。

工作中的丁照民

"丁师傅，人齐了。快点让咱见识见识！"在富奥汽车零部件股份有限公司泵业分公司，丁照民的工作室内聚集了一群年轻工人。铆焊班班长丁照民笑着点头，拿起一片薄到用手可以轻易撕开的铝片，手持气焊，眨眼间，厚度不超 0.3 毫米铝片上的小孔被气焊焊补。大家小心地传看铝片，纷纷称赞。焊接中的常见单位是"道"，一毫米等于一百道，丁照民的工作便在这"几道"之间。厚度只有零点几毫米的薄铝类金属素来焊接难度大。铝在熔化时不会发生任何颜色变化，单凭肉眼很难判断焊接情况，稍不留神就会焊穿。如何实现精准焊接？丁照民的答案是："练，练到有肌肉记忆。"1986 年，丁照民进厂成为焊工学徒，"每天上班，先从师父那里拿两包焊条"。一包焊条 120 根左右，丁照民要求自己一天内要全部焊完，"手酸到吃饭都没劲夹菜"。1987 年，丁照民参加工厂技能比赛。焊工一般 3 年出徒，但他却在 40 多名焊工中拿到了第三名。此后，丁照民自修了机械制造设计大专及本科课程，还自学了铆、钳、锻等技术。时间一久，工厂有啥技术难题，大家总会想到涉猎广泛又热心的丁照民。2013 年，加工中心的排屑器突然停转，内部铝屑无法排出，机器运转没一会儿，就不得不停下进行人工除屑，效率大受影响。"那东西外形像大弹簧一样，咱可以自己做。"丁照民很有信心。丁照民仔细观察排屑器以及和它相连的设备，不时在纸上记录数据，接着找来一根89毫米的铁管和几根方铁，反复敲打烧热的方铁，直到其与铁管曲度一致。一个多小时后，丁照民自制的排屑器被安装到了机器上，结果发现不仅可以正常使用，甚至比原来的更加贴合。除此之外，让工人无须反复弯腰取件的工位器具举升车、控制零部件间距的链轮室周转车、将加工粉尘溶于水再通过气体排出的净化器……从业以来，丁照民累计完成创新成果700多项，总计创收效益1 000余万元。"一个人再有能耐，个人作用也有限。"2010年，辽源技师学院向丁照民发出邀请，深知"孩子们渴望学技术"的他选择义务授课，负责高难度焊接的实操课程教学，一坚持便是十多年。如今，丁照民已带出400多名学员，其中包括2名省级首席技师和9名高级技师。午休时间，丁照民走出工作室，看着车间里仍在练习焊接的年轻人说："他们现在正是体力耐力都好的时候，勤学苦练，再把我这几十年的经验都学过去，将来他们一定会成为好工匠！"

案例分析 丁照民是技能人才中的优秀代表，他潜心研究技术，努力提高自己的技能，他对于薄铝类金属焊接技术的钻研，体现了在日常工作中应如何践行劳动精神。在平凡工作岗位中他既获得了荣誉、实现了自我价值，又为社会和企业创造了财富。

2. 守护初心：践行社会主义核心价值观

习近平总书记说："一切劳动者，只要肯学肯干肯钻研，练就一身真本领，掌握一手好技术，就能立足岗位成长成才，就都能在劳动中发现广阔的天地，在劳动中体现价值、展现风采、感受快乐。"劳动是社会主义核心价值观形成的基石，劳动精神是新时代中国特色社会主义建设者、创造伟大中国梦的劳动者所表现出来的精神气质。劳动精神中所强调的诚实劳动价值取向与社会主义核心价值观"诚信"理念相符合，广大劳动者要通过诚实劳动来实现人生梦想、展示自己的人生价值，形成良好的社会风尚。

要树立热爱劳动、诚实劳动的劳动态度。只有具备热爱劳动、诚实劳动的劳动态度才能将职业当成事业，诚实守信，用自己辛勤的劳动创造财富，通过为其他人提供更多、更好的服务形成友善的社会关系，从爱人到爱岗、爱家乡直至爱国。要将劳动作为生活的第一需要。优秀的劳动者对劳动的热爱仅仅是源于劳动本身，而不是由于劳动带来的名誉、地位与金钱。从这个意义上说优秀的劳动者是真正地脱离了低级趣味的人，强调这种精神在社会生活中的作用，自然会形成平等、公正、法治的社会环境。

小结与思考

技能人才应通过加强理论学习、开展劳动实践锻炼，增强对劳动精神的理性认识；感知身边优秀劳动者的事迹和行动，加强对劳动精神的情感认同；通过不断提升职业技能、磨炼劳动意志，在工作实践中践行劳动精神。

以下问题值得我们探究与思考。

1. 请结合你的理解写出弘扬劳动精神的意义。
2. 请结合你的专业技能，谈谈在未来你如何践行劳动精神。

第 4 章

工匠精神

劳模精神　劳动精神　工匠精神

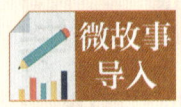

不吃老本、不断钻研的大国工匠

2022年3月2日，由中华全国总工会、中央广播电视总台联合举办的2021年"大国工匠年度人物"发布活动在广州市举行，10位来自不同行业的顶尖技术技能人才获此殊荣。其中，湖南华菱湘潭钢铁有限公司焊接顾问艾爱国获评"大国工匠年度人物"。2021年，艾爱国还曾获得"七一勋章"。

1983年，凭借着对焊接工艺的钻研劲儿，还是一名焊接普通工人的艾爱国被选入了新型贯流式高炉风口攻关团队。"高炉风口的研制原理简单，就是把锻造出来的紫铜和铸造出来的紫铜焊接在一起，但是用当时常规的焊接方法都做不好。"艾爱国说。

"氩弧焊。"项目负责人口头说的一个词，引起了艾爱国的注意。在当时，对这种大型特殊材质部件采用氩弧焊，国内还没有先例。"没有就试！"艾爱国和团队成员一边论证，一边试错。

100多千克的铜料被焊枪加热后产生的热辐射，透过石棉隔热板和石棉手套，依旧能炙烤皮肉。"只好在工作服里面多穿厚衣服。"艾爱国说，即便是这样，每一次焊完，他的双手还是会被烫出血泡，衣服被汗水浸湿后又被烤干，硬得好像被浆洗了一遍。最终，艾爱国和团队成员把交流氩弧焊机改造成直流焊机，焊枪也被改造成耐高温设计。这一项目后来获得国家科技进步二等奖，艾爱国是获奖的9人中唯一一名普通工人。

中国从缺钢国家发展到钢铁大国，继而迈向钢铁强国的历史进程，艾爱国是见证者，更是参与者。

2020年，华菱湘潭钢铁大线能量焊接船舶系列用钢在国际机构见证下，顺利通过性能检测，这标志着湘钢已完成该系列用钢船级社认证的关键环节。

艾爱国说，这种船用钢板需要承受极高的焊接热输入。而这一关键指标的验证，需要由焊接试验完成。艾爱国带领焊接团队，与湘钢材料研发团队联合攻关，十年磨砺，一朝功成。多年来，湘钢研发的上百种新型钢材背后，都有艾爱国带领的焊接团队的默默付出。

如今，已经70多岁的艾爱国并不"落伍"。他会用计算机做幻灯片、画工艺图，能熟练收发电子邮件，还能写学术文章。"吃老本没有用，靠名气没有用，只有不断学习，才能跟上时代的步伐。"艾爱国说。

工匠精神的核心就是干一行，爱一行，专一行，精一行。小到一颗螺丝钉、一根电缆的打磨，大到卫星、火箭、高铁、航母、水电站等大国重器的锻造，都离不开像艾爱国这样的工匠们笃实专注、严谨执着的匠心。

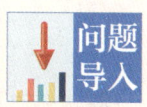

在大国工匠艾爱国的身上，你看到了什么样的工匠品质？高技能人才应当如何传承工匠精神？

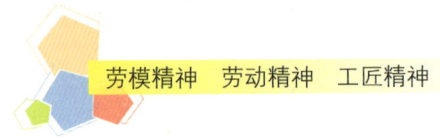

第1节 回溯工匠精神

核心要素

工匠精神的形成和发展
工匠精神的时代价值

一、工匠和工匠精神

工匠在我国有着悠久的历史。《说文解字》作："工，巧饰也，象人有规矩也。""匠，象形，凡匚之属皆从匚，读若方。匠，木工也。从匚、从斤，斤所以作器也。""匠"是个会意字，本义是木工所用的斧类工具。据此可知，"匠"在古代是特指木工，但随着时代的发展及字词的演变，"匠"逐渐运用到所有行业中的技术类工种之上，即从事一定程度技术工作的人即可称为"匠"。

手工业从农业中分离出来之后，便出现了专门从事手工劳动的生产者，在古代被称为"百工"，也就是对各种手工业者的总称。我国工匠艺人在长期劳动的过程中创造出了很多优秀的手工业品的文明成果。譬如，为了满足生产生活而进行的生产工具、生活器皿的制造，为了适应安全需要而进行的兵器器具的制造，以及为了满足审美享受而进行的制陶、纺织、木雕、石雕的创造等。众多手工制作的精品承载着工匠艺人耐心细心、专注执着的精神。这便是工匠精神的雏形，它不仅蕴藏着精益求精的职业态度，本质上更体现为一种人文精神，即对生命意义的思考，对人生的追求和探索，体现了做人与做事的统一，体现了人文精神与专业知识的完美融合。

我国古代著名的工匠

春秋战国时期的庖丁,是中国古代著名的厨师。在《庄子·养生主》里面讲述了庖丁为梁惠王宰牛,他的技艺到了炉火纯青的地步,书中这样记载:"手之所触,肩之所倚,足之所履,膝之所踦,砉然向然,奏刀騞然,莫不中音。合于桑林之舞,乃中经首之会。"庖丁对解牛非常熟练,掌握了牛身体的规律,才能够做到游刃有余。虽然手艺精湛,但是每次下刀时候依然小心谨慎。正是有了熟练的技能和严谨的态度,庖丁才练就了炉火纯青的工匠技艺。

欧冶子是春秋末期到战国初期的铸剑大师,少年时代,他从母舅那里学会冶金技术,开始冶铸青铜剑和铁锄、铁斧等生产工具。在铸剑的过程中,他善于观察、动脑筋和创新,冶铸出第一把铁剑"龙渊"(后改名"龙泉剑"),开创了中国冷兵器之先河。为越王允常铸五剑,名湛卢、纯钧、胜邪、鱼肠、巨阙。后因风胡子之邀,与干将夫妇赴楚为楚王铸龙渊、泰阿、工布三剑。其中,剑以湛卢剑最为有名,称为"天下第一剑"。在很多古诗中经常看到湛卢剑,例如唐朝诗圣杜甫有诗咏道:"朝士兼戎服,君王按湛卢。"

鲁班是中国建筑鼻祖、木匠鼻祖,春秋时期鲁国人,公输氏,字依智。人称公输盘、公输般、班输,木工师傅们用的手工工具,如钻、刨子、铲子、曲尺,画线用的墨斗,传说都是鲁班发明的。这些工具都不是偶然被发明的,而是在大量的实践当中,经过反复的研究才获得的。例如,相传在野外鲁班的手被一种野草的叶子划破了,渗出血来,他摘下叶片轻轻一摸,原来叶子两边长着锋利的齿,他用这些密密的小齿在手背上轻轻一划,居然割开了一道口子。鲁班就从这件事上得到了启发并且发明了锯子这个工具。除了这些日常生活所用的工具,鲁班也发明了很多兵器。例如,《墨子·鲁问》记载鲁班将钩改制成舟战用的"钩强",楚国军队用此器与越国军队进行水战,越船后退就钩住它,越船进攻就推拒它。《墨子·公输》则记载鲁班将

劳模精神　劳动精神　工匠精神

梯改制成可以凌空而立的云梯，用以攻城。

中国古人钻研技艺、发明创造的故事，实际上是古代劳动人民长期执着钻研的故事，是我国工匠精神源远流长的历史写照。我们不可能都成为像鲁班那样的能工巧匠，但是我们每个人都可以做到持之以恒，秉持不忘初心、方得始终的精神，把一件事做到极致，同时在永无止境面前保持一颗平常心，学艺时日越久则技越专精。

二、工匠精神的形成和发展

在我国，工匠精神具有悠久的历史，从原始社会到现代社会，从孕育产生到发展传承，经历了一个漫长的演变过程。工匠精神的历史演变展现了不同时期我国工匠精神的不同特点和内涵。

1. 孕育阶段：注重简约朴素，切磋琢磨

在原始社会末期，手工业从农业中分离出来后，便出现了专门从事手工劳动的生产者，也就是现在所说的手艺人或者工匠。《诗经·卫风·淇奥》用"如切如磋，如琢如磨"的佳句来形容手工艺人在对骨器、象牙、玉石进行切料、糙锉、细刻、磨光时所表现出来的认真制作、一丝不苟的精神。这便是孕育阶段工匠精神的真实写照。

由于当时物质生产相对落后、科技文明相对不发达，人们往往以简约朴素的天然产物为原料加工制造生产工具或生活用具。从简单的石器、骨器、木器等的制作到复杂的制陶、纺织、房屋建筑、舟车等的制作，无不体现了早期工匠艺人朴素的工匠精神。例如，中国人早在7 000年前就懂得将泥质红陶和夹砂红陶用火烧硬，塑造成经久耐用的日用器皿。在制造陶器时，部分聪明的工匠发现，如果在器物成形时在胎体上刻画图案，陶器烧成后这些图案就能永久地保留下来。匠人先辈留下珍贵的手工艺作品，创造了卓越的古代文化，孕育了早期的工匠精神，也是我们探究中华民族历史渊源的重要一环。

2. 产生阶段：崇尚以德为先，德艺兼修

春秋战国时期，随着生产力的发展和科学技术的进步，社会分工越来越细，职业

也越来越多，一些特定的职业不但要求人们具备特定的知识和技能，而且要求人们具备特定的道德观念、情感和品质。工匠艺人作为一种职业团体，为了维护职业威望和信誉，适应社会的需要，在职业实践中，根据一般社会道德的基本要求，逐渐形成了自己职业的道德规范。

《墨子·尚贤上》就有记载"兼士"必须符合的3条标准，即"厚乎德行""辩乎言谈""博乎道术"，也就是要做到德行宽厚、善于言谈、精于技术。这种道德价值观，作为古代一些社会职业的道德评价标准，也得到工匠们的认同。

墨子的工匠观主要体现在对工匠社会地位、工匠能力素质、工匠考核方式及工匠技术规范4个方面的认识。此外，据先秦典籍《左传·文公七年》记载，"六府三事，谓之九功。水火金木土谷，谓之六府。正德、利用、厚生，谓之三事。"其中，"正德"居于首位，就是要求工匠必须为人正直，端正德行。"利用"，指利用自然资源。"厚生"，指使生民的生活富足、充裕。因此，德行为先，其次善用资源、涵养技艺，德艺兼修成为中国工匠精神的伦理走向。

以德为先，不仅是我国古代工匠艺人必须遵循的职业准则，而且是工匠精神得以产生的价值基础。我国古代工匠艺人不仅具备最基本的职业素养，而且在他们身上体现了一种"德艺兼修"的工匠精神。对于工匠艺人来说，德行还需要技能的陪衬。若无技能相佐，梦想极有可能变为空谈；若有技能相佐，梦想代代累积，才能源远流长。

3. 发展阶段：主张心传体知，师徒相承

心传身授主张心传体知、师徒相承，即以心传心，体察领悟，身知体会。进入封建社会以后，随着经济发展水平的提高和社会发展的需要，以血缘关系为标志的代际传承逐渐走出家庭，种类繁多、形式多样的职业教育开始成为我国古代工匠艺人之间的承接体系和传承方式，"心传身授"的教育模式逐渐成为培养工匠的主要途径。

这一时期，由于特殊的工作、学习方式，工匠们在技术上的成就大都是通过"父子相传，师徒相承"等传统方式流传下来的。例如，纸坊奉东汉宦官蔡伦为祖师，皮匠、鞋匠以孙膑为祖师，酒坊的祖师是杜康，豆腐坊以乐毅为祖师等。随着手工业技术的发展，起初以家庭为单位的技艺传授扩大到邻里之间，父子相传逐渐演变为拜师学艺，师徒们在一起生活、学习、讨论钻研技术，通过传道、授业、解惑的方式不仅培养了大批手工艺人和工匠技师，也形成了"尊师重道，谦虚好学"的美德。

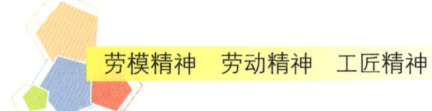

工匠艺人们对职业的尊重，对专业精神的信仰，对技艺传承的执着，对师徒情义的敬畏，无一不体现出我国古代工匠精神的价值意蕴。

传承千年的景德镇陶瓷工匠精神

景德镇陶瓷产于江西省景德镇市，始于汉世。五代时的景德镇以南方最早烧造白瓷之地和其白瓷的较高成就而奠定了自己的地位。

自景德镇陶瓷诞生之日始，师徒制就已经存在并成为最重要的行业制度之一，对于景德镇陶瓷千年长盛不衰起到了非常重要的作用，陶瓷技艺通过传统师徒制得以延续与传承。景德镇制瓷巧匠师父们在将一身技艺传于徒弟之时，也同时将耐心、执着、精益求精的工匠精神传于徒弟。

在传统师徒制下，师徒关系是一种终身制，当入于一名景德镇制瓷师父的门下时，实际上就是选择了这一行业作为终身职业。也只有在这种情况下，制瓷能工巧匠才会将一身技艺传于徒弟。敬业精神的培养成为传统师徒制的基础。因为，学习制瓷技艺是一个漫长的过程，需要持之以恒、日复一日的练习。师父通过言传身教，使徒弟逐渐形成了对陶瓷技艺的热爱与坚持，敬业精神得以形成。

景德镇陶瓷工匠精神的培养同样以精益求精为生命。在传统师徒制下，一方面，景德镇制瓷师父对徒弟的管理非常严厉，不允许徒弟有丝毫的马虎和懈怠，徒弟制作的产品会因为种种问题而不断地被要求返工、修改，直至达到令师父满意的程度为止；另一方面，景德镇制瓷师父通过自身严谨认真、精益求精的工作态度创造出优秀的产品来使徒弟受到潜移默化的影响。精益求精决不是墨守成规，而是不断创造。在精益求精的创造过程中青出于蓝、超过师父的情况并不鲜见，从而在整体上推动着景德镇陶瓷技艺不断追求卓越、开拓进取。

案例分析

师徒制使卓越而多样的手工技艺得以世代流传,而更重要的则在于将中国古代杰出匠人的工匠精神延续相传。师徒制的形式一直流传至今,很多企事业单位一直沿用师徒制来帮助新入职的员工习得职业技能、适应职业发展。

4. 探索阶段:彰显艰苦奋斗,勤于奉献

新民主主义革命到社会主义革命和建设时期,即 1919 年到 1978 年,中国人民经历了 60 年革命和建设道路的曲折探索。中国共产党顶住各种压力,领导中国人民自力更生、艰苦奋斗,使中国从一个落后的农业国家发展成具备独立、完整工业体系的国家。

在中华人民共和国成立后,传统的手工业者日渐稀少,在国家的倡导下,工匠的劳作场所和形式也从传统的作坊生产转变为近现代工厂生产。经济复苏对各行各业的需求不断增加。这一时期的工匠精神,更加强调的是匠人的艰苦奋斗、勤于奉献的革命精神。例如,在社会主义革命和建设时期,涌现出了"宁肯少活二十年,拼命也要拿下大油田"的大庆油田一线工人拼搏奋斗的精神;在航空、原子能和生物技术等领域,"群星闪耀"的大国工匠打造了众多世界"第一",彰显出在艰苦环境中坚守初心、用技能报效国家的奉献精神。

5. 传承阶段:弘扬工匠精神,勇于创新

改革开放后,我国经济进入快速发展时期。站在新的历史起点上,社会生产必须顺应经济体制深刻变革、社会结构深刻变动、利益格局深刻调整、思想观念深刻变化,对劳动者的技能和素质也提出了更高的要求。中国经济的高速发展,更需要劳动者弘扬勇于创新的工匠精神。20 世纪 80 年代,青岛港桥吊司机许振超看到国际上兴起了新的集装箱装卸运输方式——无人桥吊运输,这成为一颗"种子"深深地埋进了他的心里。1984 年,许振超凭借过硬的技能和对设备理论的熟知,被选为青岛港组建集装箱公司的第一批桥吊司机。改革开放后新技术的引进,成就了一大批像许振超这样敢

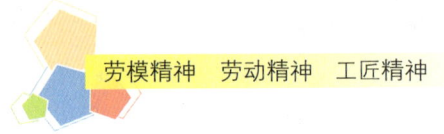

于创新的技术工匠，为中国经济的转型发展注入了活力。

加强供给侧结构性改革，努力改善产品和服务供给，鼓励企业开展个性化定制、柔性化生产，培育精益求精的工匠精神，增品种、提品质、创品牌。2020年11月24日，习近平总书记在全国劳动模范和先进工作者表彰大会上指出：在长期实践中，我们培育形成了"执着专注、精益求精、一丝不苟、追求卓越的工匠精神"。工匠精神培育了人才、积累了经验、创造了财富。新征程上，我们比以往任何时候都更加需要工匠精神。

新时代的中国工匠精神，既是对中国传统工匠精神的继承和发扬，又是在当前经济社会发展形势下对新型工匠内涵的挖掘和创新；既是为适应我国社会主义现代化强国建设需要而产生，又是中国精神在新时代的一种新的实现形式，它与劳模精神、劳动精神构成一个完整的体系，成为激励广大劳动者实现中华民族伟大复兴中国梦的强大精神力量。

中华技能大奖和全国技术能手评选

中华技能大奖和全国技术能手是国家对全国优秀高技能人才进行褒奖的荣誉奖项，由人力资源和社会保障部每两年组织开展一次评比表彰活动。1995年，原劳动部会同46个行业主管部门及各省、自治区、直辖市建立了技能大奖和技术能手评选表彰制度，这一制度得到了党和国家领导人的高度重视，有关中央领导同志先后亲切接见获奖人员。评比表彰活动截至2021年6月已开展十五届，累计表彰290名中华技能大奖获得者和3 321名全国技术能手。

技能大奖候选人须来自生产服务一线，从事本职业（工种）10年以上，具有高级技师及以上职业资格（或职业技能等级），已获得全国技术能手称号，并具备下列条件之一：在技术创新、攻克技术难关等方面做出突出贡献，并总结出独特的操作技术方法，产生重大经济效益和社会效益；在本职业（工种）中，具备某种绝招绝技，并在带徒传艺方面做出突出贡献，在国际国内产生重要影响；在推广应用先进技术等方面做出突出贡献。优先推荐特级技师、首席技师，以及享受国务院颁发的政府特殊津贴，从事重大战略、重大工程、重大项目、重点产业相关工作的高技能人才。

技术能手须来自生产服务一线，从事本职业（工种）5年以上，取得高级工及以上职业资格（或职业技能等级）。推荐渠道有两个，其中，常规申报渠道推荐人选应具备下列条件之一：在本职业（工种）中具备较高技艺，并在培养徒弟、传授技术技能方面做出突出贡献；在开展技术革新、技术改造活动中做出重要贡献，取得重大经济效益和社会效益；在本企业、同行业中具有领先的技术技能水平，并在某一生产工作领域总结出先进的操作技术方法，取得重大经济效益和社会效益；在开发、应用先进科学技术成果转化成现实生产力方面有突出贡献，并取得重大经济效益和社会效益。优先推荐从事重大战略、重大工程、重大项目、重点产业相关工作的高技能人才。国家重大项目（工程）申报渠道推荐人选应具备下列条件之一：获得国家科学技术进步特等（一等）奖项，或直接参与获得国家科学技术进步特等（一等）奖项并在其中做出重要贡献；直接参与涉及国家安全、国防战略等重大项目（工程）并做出重要贡献。

中华技能大奖和全国技术能手评选表彰制度的建立对建设知识型、技能型、创新型劳动者大军，弘扬劳模精神和工匠精神，营造劳动光荣的社会风尚和精益求精的敬业风气，加强技能人才队伍建设起到了积极而有效的作用。人力资源和社会保障部还从技能大奖获得者中树立了以许振超、李斌、李凯军、高凤林、鲁宏勋等为代表的两批全国"十大高技能人才楷模"。这些优秀高技能人才在本行业、本领域发挥了引领示范效应，对激励广大劳动者特别是青年一代走技能成才、技能报国之路，发挥了重要导向作用。

三、工匠精神的时代价值

在新时代下，"工匠"被赋予了更多意义，它不再局限于从事手工劳作的艺人，而被扩展到社会的各行各业。可以是生产线上的技术工人,也可以是救死扶伤的医护人员,工匠越来越成为当下人们的职业追求。同时,实现中华民族伟大复兴的中国梦,也需要各行各业的能工巧匠。"工匠精神"作为一种优秀的职业道德文化,它的传承和发展契合了时代发展的需要,具有重要的时代价值与广泛的社会意义。

1. 个人层面:工匠精神是劳动者思想品德、卓越技能和个人价值的体现

大国工匠为人称道的地方不仅在于他们掌握纯熟的技艺,还在于他们对精神境界的价值追求。

《新时期产业工人队伍建设改革方案》提出要"造就一支有理想守信念、懂技术会创新、敢担当讲奉献的宏大的产业工人队伍"。培育和弘扬工匠精神,有利于培育劳动者的理想信念,使他们不仅将职业作为一种谋生手段,更作为一种事业追求、工作荣耀和生命守望,树立起对职业敬畏、对工作执着、对产品负责的理念。在长久的工作中,工匠精神所蕴含的优秀品质将会融于劳动者的技艺中,劳动者一丝不苟、追求完美的职业理想将与产品融为一体。这样,既能给社会提供更加精细的产品和服务,也能使从业者从中获得职业满足感,实现自我价值。引导劳动者以大国工匠为榜样,学习专业知识,提升职业技能,传承工匠精神,能够促使精益求精、不断创新的优秀品质成为劳动者的价值追求和行为规范。

典型案例

千吨精密仪器精准落位

作为国内为数不多可以吊装巨型精密装置的起重机司机,白鹤滩水电站桥机班班长梅琳接到过不少急难险重的任务,多次刷新过世界纪录。其中,最有挑战的是吊装白鹤滩水电站发电机组的转子,其重达2 300吨。

2021年4月25日上午9点30分,吊装开始。发电机是精密仪器,轻微晃动都会引起损坏,梅琳要做的,是通过操纵杆操控吊钩将这个大家伙吊起10米,然后平移放入发电机坑位,其间,摆动幅度只能控制在1毫米以内。这将创造新的世界纪录。

所有人都屏息以待，只有梅琳看上去沉着冷静。9点51分，转子吊装平移结束，开始垂直吊下。10点28分，在经过梅琳5次点控调校后，转子稳定且精准地落入发电机坑位，吊装成功。

成功来自她平日的刻苦练习。稳，是桥机司机的基本功。20多年前，刚刚参加工作时的梅琳，心浮气躁，被师父狠狠训了一顿。从那天开始，梅琳把水桶吊在吊钩上面，每天练习几百次。凭着一股子韧劲，梅琳硬是做到了吊装水桶滴水不漏。

梅琳正在调试设备

精益求精，追求极致，20多年来，梅琳一直这样严格要求自己。最终练就了一身吊装稳如磐石、不差分毫的本事。

2021年6月28日，白鹤滩水电站首批机组投产发电，习近平总书记发来贺信。信中说："你们发扬精益求精、勇攀高峰、无私奉献的精神，团结协作、攻坚克难，为国家重大工程建设做出了贡献。这充分说明，社会主义是干出来的，新时代是奋斗出来的。"

案例分析　弘扬工匠精神有助于提高劳动者的职业素养，促进劳动者实现全面发展，从而使工匠精神成为提高劳动者职业技能的有力推手。从一名普通工人成长为国之重匠，沉甸甸的荣誉是梅琳一路走来不懈奋斗的见证，也是对工匠精神最好的诠释。她将个人的成长融入我国电力事业的发展中，用自己的亲身实践诠释了产业工人追求卓越技艺、实现技能报国的最高境界。

2. 社会层面：工匠精神的普及是社会发展的需求

工匠精神在社会上引起强大共鸣，是因为它契合了现实需要。在社会经济飞速发展的时代，工匠精神所代表的踏实沉稳、精益求精，是对完美事物和高尚人格不懈追求的表现，它是树立爱国、敬业、诚信、友善社会主义核心价值观，建立崇尚劳动新风尚的内在要求。工匠精神的培育能够提醒人们静下心来钻研技艺，并且能够激发劳动者的劳动热情。

全社会逐步形成对于"工匠精神"的制度和文化支撑，全社会尊重工匠、崇尚"工匠精神"的氛围日渐浓厚，其实质是对劳动和创造的尊重，是对敬业奉献的倡导，这既是培育和弘扬"工匠精神"的必要条件，也是社会文明进步的重要表现。

荀笑红：风雨中的城市守护者

盛夏，燥热的哈尔滨与"冰城"的称谓形成强烈的反差，当人们想方设法消暑纳凉的时候，在城区西部一个几米深的"马葫芦"里，一个身穿胶皮大衩的排水工人正顶着历史上少有的高温天气，站在齐腰深的污水中吃力地撮着厚厚的淤泥。一股酸臭刺鼻的混杂气味在"马葫芦"里弥漫，令人窒息；时间在这周而复始的重复劳作中慢慢消逝，淤泥随着她的汗水越淌越多而渐渐减少。半个多小时后，当她被其他同事替换，爬出井面脱下大衩时，人们终于看清了这位在井下工作的竟是一位40多岁的女同志，除了眼角周围仍在流淌的泥水和全身已被汗水浸透的衣服，最使人印象深刻而又让人感到心灵震撼的是她那刚刚完成清掏任务后留在脸上但又发自心灵深处的微笑……她就是全国排水行业优秀共产党员、哈尔滨排水集团荀笑红班组班长荀笑红。

排水工人苦，苦在一个"水"字。下井清掏要同粪便和各种有毒物质混杂的污水打交道，每逢汛期要同雨水抗争。污水、雨水锤炼了排水人以苦为乐的信念；毗邻松花江的哈尔滨，每到汛期排涝任务十分艰巨。"以雨为令,中雨上岗"是多年来排水工人铁的纪律。而每逢下雨别人往屋里跑,向外面奔却成了排水工人自然的习惯。

荀笑红所在的班组是哈市唯一的一支女子清掏班,也是全国"三八"红旗集体、全国女职工建功立业示范岗,被誉为维修养护的一支"铁军"。这骄傲的成绩哪里来?同事们说:"全靠我们有个好班长。"2008年,荀笑红因患有子宫肌瘤做了子宫切除手术,术后医生再三叮嘱她需要静养半年,半年内不可以再从事体力劳动,可她在家休养还不到两个月就回到了工作岗位。

荀笑红把爱默默地献给了风雨中的城市,献给了需要帮助的家庭和用户。她经常说:"我是一名共产党员,我的根儿在一线。"荀笑红任凭风吹雨打不躲不避,不分昼夜废寝忘食,不惧"苦、脏、累、险、毒",坚守在平凡的岗位上做着不平凡的事。

案例分析　　工匠精神是一种高度认同、敬业乐业的精神。荀笑红深深地热爱着自己的职业和岗位,坚守在城市清掏工作的第一线,这也是对社会主义核心价值观中"敬业"价值的最好诠释。只有对自身职业和工作有高度认同,才能终身从事并达到至高的境界。爱业敬业先进人物的精神引领,有助于全社会形成良好的劳动氛围和建设热情。

3. 国家层面:工匠精神是提升国家品牌竞争力的重要保障

现代经济越来越呈现为品牌经济。在市场经济下,品牌是动态的、无形的,但它能够带来丰厚的经济价值。塑造良好的品牌形象,对于一个企业甚至国家来说非常重要。陶瓷、丝绸和茶叶等是古代中国具有世界影响力的品牌产品,被世界各国所尊崇。现在经过改革开放40多年来的发展,我国已成为世界第一制造大国,全世界都有"中国制造"的产品。未来中国想要成为制造强国、创造强国就需要打造国际知名品牌，在全世界树立起制造强国的国际认知。中国要从世界制造大国转变为世界制造强国，就必须在全社会大力弘扬以工匠精神为核心的职业精神。只有当工匠精神融入生产、设计、经营的每一个环节，实现由"重量"到"重质"的突破，国家发展才能赢得未来。

工匠精神铸就中国梦，推动中国制造业崛起、实现中华民族伟大复兴需要发挥每一个劳动者的积极性、创造性，将"国家梦"与"个人梦"有机结合在一起。

典型案例

让世界听到中国的"芯"跳

徐遥令，深圳创维-RGB电子有限公司主任工程师，正高级工程师、深圳市地方级领军高层次人才、宝安区高层次人才、宝安大工匠，获得中国专利优秀奖2次（第一发明人）、广东省杰出发明人奖、广东省科技进步二等奖、天津市科技进步一等奖、深圳市科技进步一等奖。

在过去很长的一段时间，中国彩电业饱受着"缺芯少屏"之痛，TV SoC芯片长期被本土外的品牌所垄断。为此，创维联合华为海思开展"卡脖子"技术攻坚，徐遥令临危受命任项目负责人和整机系统设计师之一，带领技术"尖刀班"挺上"第一线"，在国外技术封锁、国内资料奇缺的困局中，研制出中国首款TV SoC芯片和整机，并实现千万台级量产，让世界听到中国的"芯"跳。

技术交流中的徐遥令

谦虚、简单、执着、敬业、创新与改进，对于工匠精神，徐遥令是这么理解，也是这样做的。回望坚守研发的15年，责任和使命已深深刻在他的骨子里。他说，动力其实很简单：就是热爱工作，因热爱工作而勤奋工作，因勤奋工作而收获成果，因收获成果而使内心感受喜悦和自豪，因喜悦和自豪而充满热情和力量并继续热爱工作。

2006年，研究生毕业后徐遥令入职深圳创维-RGB电子有限公司。越是深入电视技术行业，徐遥令越是清晰地意识到中国彩电业"缺芯少屏"的困局。面对复杂的形势，造"芯"的历史使命沉甸甸地压在他和团队的身上。在这场看似不可能完成的芯片突围战中，徐遥令的造"芯"意志从未屈服，他开始在新领域"摸着石头过河"。然而，探索的路上，过河的石头很难寻找。一方小小的芯片，为何如此之难？以28纳米技术为例，集成度相当于在指甲盖大小的面积上制造出10亿个以上的晶体管，其中，每根导线的直径相当于人体头发丝的三千分之一。作为首款国产TV SoC芯片和整机，想要得到顾客和行业的认可，必须要有领先的性能，这是他们面临的又一个挑战。

为了抢抓进度，徐遥令周密审查每一项设计、深究每一个出现的问题、积极思考可能的风险和应对措施，加班加点夜以继日地持续奋斗。在芯片还在流片时，他就带领团队同步设计出了配套的软硬件系统、搭建了平台，为芯片测试验证提供了一个完整方案，极大地加速了芯片完善成熟。

经过反复的琢磨、反复的修改、连续不断的试验，徐遥令和团队不断突破自己的技术极限，在屡战屡败、屡败屡战中成功研发出中国首颗TV SoC芯片和首款国产TV SoC智能电视。"从设计、生产、封装到下游终端产品应用，全部在中国完成。"这款芯片也标志着中国彩电业实现国产芯片"零"的突破。

2016年，国产芯片批量应用实现了200万台。但这仅占中国整个电视市场的3%。为了推动国产芯片的应用，2017年他又承担了另一个国家核高基课题"国产SoC芯片智能电视规模化应用"，主导解决了大规模应用技术及成本瓶颈。到2019年，国内市场的国产TV SoC芯片占比达40%以上，彻底打破了芯片被垄断的局面，中国彩电行业成功实现突围。

劳模精神　劳动精神　工匠精神

芯片之争,是一场没有硝烟的战争,也是一场智慧的交战。徐遥令说,必须突破技术瓶颈,坚持创新驱动、推动科技自立自强,才能甩掉"卡脖子"的手。

案例分析

匠心是工匠精神的根本,是对初心的坚守和对浮躁的拒绝。新时代新征程上,广大技能人才要在传承工匠精神,涵养"匠品"、磨砺"匠能"、凝聚"匠力"中,点亮"赶考"路上的璀璨星空,绘就中华民族伟大复兴的美好蓝图。

 小结与思考

工匠精神铸就中国梦,推动中国的崛起、实现中华民族的伟大复兴需要发挥每一个劳动者的积极性、创造性,将"国家梦"与"个人梦"有机结合在一起。新时代的工匠精神不仅是工匠的职业操守,而且是所有为社会主义现代化建设工作、为实现中华民族伟大复兴奋斗的劳动者都应大力传承弘扬的精神。

以下问题值得我们探究与思考。
1. 从中国古代著名工匠身上,你能发现什么共同的特点?
2. 你如何理解工匠技艺与德行的关系?
3. 工匠精神的当代价值有哪些?

第2节 理解工匠精神

核心要素

工匠精神的特征
工匠精神的内涵

一、工匠精神的特征

工匠精神是劳动者的一种职业价值取向和行为表现，融职业道德、职业能力、职业品质于一体。各行各业的技术型、知识型、科技型、创新型劳模的核心精神特质，都可以归结为工匠精神，其既体现了勤劳之美的精神本色，又展示了创造之美的价值升华。

工匠辛勤劳作，为国家、社会和人民提供各种生产、生活所必需的产品，他们钻研技艺、不断革新，有效促进着社会生产力和产品质量的持续提升；他们创造价值、积淀文化、凝聚精神，推动着人类社会的文明之旅不断前行。他们中的精英分子，甚至能够以自己的智慧和成果，在自己辛勤劳作的领域引领变革、造福时代、福泽未来。

建设社会主义现代化强国，需要千千万万的能工巧匠。大力弘扬工匠精神，应成为新时代劳动者的一种价值追求和行为导向。尽管表现形式多种多样，但从共同特点来看，工匠精神具有传承性、时代性、创新性和引领性。

1. 传承性

我国自古以来就有着独特、悠久的工匠文化和工匠精神，是名副其实的"匠人之国"。随着我国古代政治、经济、文化、科技等方面的不断发展，能工巧匠大量涌现。

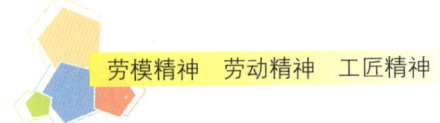

劳模精神　劳动精神　工匠精神

工匠精神在中国传统文化话语语境下强调尊师重道、道技合一，主张通过吃苦耐劳、用心专一来达到物我一致的境界，这种深厚的工匠精神代代传承。在当代中国，工匠精神则呈现出超越创新、执着专注、精益求精、爱岗敬业的精神特质。

2. 时代性

工匠精神是经济社会发展的时代产物。21世纪，伴随着互联网、人工智能等新技术的发展，伴随着中国特色社会主义新时代的到来，"工匠"的内涵也产生了新的变化，它不仅仅是指传统的手工匠人，还包括新时代通过终身职业培训培养出的众多高技能人才。

拓展阅读

世界技能大赛知多少

世界技能大赛是最高层级的世界性职业技能赛事，由世界技能组织举办，每2年举办一次，被誉为"世界技能奥林匹克"，是世界技能组织成员展示和交流职业技能的重要平台。

世界技能大赛竞赛项目

世界技能大赛设运输与物流、结构与建筑技术、制造与工程技术、信息与通信技术、创意艺术与时尚、社会与个人服务六大类数十个项目的比赛。

参赛人员

世界技能大赛由年轻人担当主角，绝大多数参赛选手的年龄在大赛当年不得超过22周岁。信息网络布线、机电一体化、制造团队挑战赛和飞机维修4个项目参赛选手年龄不得超过25周岁。

中国代表团在第45届世界技能大赛开幕式上出场

奖项设置

正式项目中排名前三的选手原则上分别获得金、银、铜牌，可并列获奖。"阿尔伯特·维达大奖"用于奖励每届大赛中获得所有参赛项目最高分的选手。

中国历次获奖情况

截至2022年，中国已参加6届大赛，累计获得57枚金牌、32枚银牌、24枚铜牌和63个优胜奖。在2017年阿布扎比第44届世界技能大赛上，中国选手获得"阿尔伯特·维达大奖"。在2022年世界技能大赛特别赛上，中国代表团在参加的34个项目上共获得21枚金牌、3枚银牌、4枚铜牌和5个优胜奖，金牌榜名列第一。

3. 创新性

创新是一个民族进步的推动力，是工匠精神的内在品质。习近平总书记指出："无论时代如何发展，我们都要激发守正创新、奋勇向前的民族智慧。"在这个经济发展日新月异的时代，唯有创新才能赶上时代的步伐，唯有创新才能赢得更为广阔的发展空间。杰出的工匠带给我们的不仅是他们的创新成果，更是他们的创新意识和推陈出新的思维方式。努力钻研技术，推动技术创新，成为弘扬工匠精神的重要主题。

拓展阅读 走在技术创新路上的闯关者

2019年，在第十四届高技能人才表彰大会上，河北港口集团秦皇岛港股份有限公司杂货分公司散粮部张海波荣获了"第十四届中华技能大奖"。

工作30多年来，他在现代港口生产运营中，用勤劳和智慧创新解决了一系列电气技术难题，总结出一整套电气维修技术指导教材，从一名普通电工成长为国家级技能大师。

劳模精神 劳动精神 工匠精神

知识并不等于智慧，但知识必须转化为技术创新的智慧。张海波说："创新需要多问几个为什么。"他参与技术创新，深刻感受和见证了创新给工作带来的巨大变化。工作中他发现，在装载散粮等货物时，采用的是人工操控绞车的办法去拉动沉重的火车车皮，使其对准仓位。他决心一定要改变这种与现代化大港极不相符的作业方式。他了解到这套日本生产的设备，一定是在设计方案和控制程序上出现了错误，才导致了人工操纵绞车问题的发生。可现在与日方的合同已经终止，如果请日方来费用高昂怎么办？经过一番认真思考，在征得领导同意后，他决定自力更生、自己动手，改变这种笨拙的作业方法。在此后两个多月的时间里，他夜以继日地研究，不知熬过了多少个不眠之夜，不知修改、调整、升级了多少次控制电路和PLC（可编程逻辑控制器）控制程序。终于，他成功了。张海波重新编制出一套符合生产实际并且具有自主知识产权的PLC程序，从而终于使沉睡了多年的散粮装车自动化控制系统苏醒了。

作为新时代的产业工人，张海波总是说："我们要培养自己的科学精神，用宽广的知识面和创新的工作态度面对每一个问题，就没有什么解决不了的难题。"

一个看似很难的问题，通过创新性思维便能得到解决。如果固守一种思维，总是依照传统的模式去工作，我们的工作能力就难以得到比较大的提升，久而久之，工作动力就会大打折扣。因此，要试图去打破固有的思维和模式，不要让创新只停留在理念层面，去付诸行动，通过技术创新、产品创新，不断磨炼技艺，坚守匠心与创新，向着更远的目标迈进。

4. 引领性

工匠精神不仅是个体的精神品质，也是社会宝贵的精神财富。优秀的工匠往往以精湛的技能、精益求精的精神和高尚的品格感染着身边的劳动者。当今，造就一支宏大的知识型、技能型、创新型劳动者大军，不仅要全面提高劳动者的素质，还要在全社会大力倡导工匠精神，形成各具特色的工匠文化，将工匠精神融入社会主义核心价值观，引导更多人尊重劳动者、崇尚工匠精神，激励更多劳动者学习技术技能，引领社会的发展和进步。

拓展阅读

好师傅带出好团队

黄俊是江苏省劳动模范、江苏恒力制动器集团首席高级技师、维修电工班长。与机器打了20多年交道，黄俊凭着一股勤奋钻研的韧劲，自学成才，成长为企业最年轻的首席高级技师。2014年，在人力资源和社会保障等部门的支持下，江苏恒力制动器集团成立了黄俊领衔的"技师创新工作室"和"技能大师工作室"。

自从成了工作室的领衔人，黄俊深知自己已经不是一个人在战斗，而是要带领一个团队向前冲。为了让这个团队快速成长，黄俊充分发扬劳模的先锋模范作用，牺牲了许多休息时间，对工作室成员进行传帮带。从进入工作室开始，黄俊就和成员签订了"师徒合同"，不遗余力带领徒弟掌握新技能。在黄俊的影响下，创新工作室形成了学习技术、钻研创新的好氛围。

黄俊还善于在实践中带领工作室成员共同成长提高。此前，江苏恒力制动器集团购买了很多自动化设备和加工中心，如果这些设备过了保修期，请外部人员进行维修，维修费用会非常高。黄俊带领工作室成员研究这些自动化设备的图纸，在生产现场记录每一个程序动作和参数，把这些设备的原理全部研究透彻。

以前的汽车制动检测装置需要工人用脚去检测，经过长期的摸索和研发，黄俊领衔设计出气压盘式制动器"制动间隙自动检测、踢拉力检测流水线"，将50只工人的脚，变成50只机械脚，确保了汽车制动装置生产达到百分之百的合格率。这项产品已经成功成为国内许多大型汽车制造商验收汽车制动装置合格的配套装置，为公司节约了200多万元的技改资金，每年产生经济效益1 000多万元。这个产品被评选为中国汽车科学技术三等奖和中国汽车工业科技进步三等奖,为保障汽车的安全性能做出了很大贡献。

一个好师傅带出了一个好团队,黄俊将精益求精的工匠精神传承给了工作室成员。如今,工作室硕果累累。

打造出质量过硬的产品,带出一支技能卓越的队伍,黄俊充分发扬了工匠精神。正是有黄俊带领出的一支高素质的产业工匠队伍,企业才能在激烈的市场竞争中稳居行业前列。对于每一位劳动者而言,发扬工匠精神,更应落实在行动上,对产品和服务负责、对工作执着、在技术上持续精进,并且影响周围的人,才能在自己的工作岗位上实现更大的价值。

二、工匠精神的内涵

工匠精神的主要内涵,即执着专注、精益求精、一丝不苟、追求卓越。专注、精益、创新、卓越的工匠精神是个人成长的指引,一个人走上"工匠"这条路,在未来是大有可为的,前途也是光明的;工匠精神是企业发展的重要助力,一个企业要想制造出高质量的产品和提供高质量的服务,势必需要大量的高素质"工匠"型员工;工匠精神更是国家发展的动力,对推动我国由工业大国转变为工业强国,将起到无可比拟的作用。

新时代工匠精神的基本内容包含了执着专注的工作态度,精益求精的能力素养,一丝不苟的履职信念,追求卓越的责任使命。这些特质互为表里,相辅相成,集中体现了工匠对于职业、器物、劳动的热爱,与伟大创造精神、伟大奋斗精神、伟大团结精神、伟大梦想精神相互契合,共同构成了新时代奋勇向前的强大精神动力。

1. 执着专注

执着专注是指劳动者对自己的工作内容、工作细节执着、坚持的职业品质,这是优秀工匠必须具备的优秀品质。何谓"匠人之心"?首先就是执着,它是指对某一事物坚持不放,对某种事物追求不舍,心沉得下来。只有执着地专注于某一项工作,经过比较长时间的积累,才能把产品做细、做精。执着,不仅造就了高品质的产品,也推动技术认知实现由量到质的转变,成为创新能力提升的源泉。专注是指心无旁骛盯住自己的目标，不被困难所压倒，不为逆境所屈服，一心一意走好自己的路。专注不是抓着一件事不放，而是在做事时，全身心投入。只有在心无旁骛的情况下才能将自己的潜能全面发挥出来，才能将事情做到最好。对于劳动者来说，要倾注全力地踏实认真工作，沿着明确的方向前进，不断投入心力，不分心。只有当我们具备专注的态度时，我们的专业技能才会不断得以提升。打造专注力，如同打造精品，只有聚焦一点，才能钻研透彻。

潜心钻研、锲而不舍是执着专注的核心。只有具有潜心钻研、锲而不舍的精神，才能在平凡的工作中锤炼自己的才干，施展自己的抱负，实现自己的价值。

（1）潜心钻研。潜心钻研是专注和工匠精神的表现之一。"潜心"就是指劳动者要远离浮躁，把心沉下来。"钻研"就是指劳动者要肯下一股拙劲儿去干工作、研究工作。钻研是一种做事的态度，只有调整好心态，才能在平凡的岗位上发光。优秀的员工，之所以能在竞争中常胜不败、能在事业中成绩斐然、不可替代，是因为他们具有寻常员工所不具备的潜心钻研的精神。

德国思想家歌德曾说："无论从事什么样的工作，只要具备了一颗专注的心，一定会有所成就。"在科技和社会分工高度发达的当代，工匠们大多需要在一个更加细分的岗位上，钻研自己的技术，练出自己的绝活。这种细分岗位上的"绝活"是机器所无法取代的，也是决定产品质量的关键。因此，作为劳动者，只有潜心钻研于某一领域，甚至某一领域的某一方面，才能做到精通和专业。

（2）锲而不舍。锲而不舍是专注和工匠精神的表现之一。锲而不舍是指干好一件事情要有恒心、有毅力，遇到再大的困难，也坚决不放弃。这个词来自《荀子·劝学》中的"锲而不舍，金石可镂"，意思是只要不停地雕刻，即便再坚硬的金属和石头也能雕刻成功。荀子以此阐明了一个亘古不变的人生哲理，就是人生一定要有追求，更要有毅力、有恒心，只有坚持不懈、持之以恒，才能获得成功。纵观古今中外，绝大多数成功人士的一个共同的特点就是有着坚强的毅力、锲而不舍地向着自己的目标奋斗。

只有带着目标上路的人，才能点燃内心的激情，才能收获人生道路上的一粒粒果实，才能成就明天的辉煌。在工作中，一些人会有拖延的习惯，因为他们感觉自己距离目标过于遥远，而缺乏行动的勇气；而另一些人却始终按照计划，一步一个脚印，脚踏实地地向前迈进，不断缩小着与目标的距离。

有了目标，有了计划，更有了热情的行动，就一定会成功吗？当然不一定了。即

劳模精神　劳动精神　工匠精神

使有了行动，如果不能锲而不舍地坚持下去，成功也只会远远地停留，不会靠近。所以，无论什么人，无论做什么事，一旦选准目标，就应该执着、坚定地按照设想的计划朝着目标进发，不能轻易地改变方向。

2. 精益求精

精益求精是指把事情做得非常出色，但还要追求极致的一种职业精神状态，是优秀工匠们共同具有的思想特质和从业准则。"要做就做到最好。"工匠们用严谨的工作态度、纯粹的专业眼光严格审视自己的工作，他们一板一眼，一丝不苟，在精、细、实上下足功夫，不允许自己的产品有任何瑕疵，用心工作，在每个细节上精雕细琢，力求每一件作品都是精品乃至极品。那些"百年企业"之所以能够在市场上长久存活，依靠的就是员工精益求精的工匠精神。

注重细节与追求极致是精益求精所蕴含的两个方面。一件产品的完成不仅仅需要热情，更需要在每个环节全神贯注审视细节。

（1）注重细节。注重细节是精雕细琢的起点，也是精益求精的准则。它是指劳动者关注事实和细节问题，既考虑到全局，又深入了解工作过程中各个环节的关键细节，并对细节问题进行预防和控制，确保成果的完美。老子说："天下大事，必作于细。"细节是劳动者迈向成功的第一步。在工作方法上，注重细节主要体现在始终严格遵循工作规范和质量标准，保持耐心，认真对待工作中的每个环节，把每个操作要求和工作步骤都落实到位，不投机取巧，不寻求"捷径"，不敷衍了事，不放过任何一个细微之处，准确把握工作中的各种细节，将平凡的工作做到不凡。苏州檀香扇厂的微雕艺术家义壁，在一把不足方寸的象牙小扇上，刻上了1.4万字的《唐诗三百首》。在10多倍的放大镜下，你可以清楚地看到每首诗之间有空行空格，各诗独立成章，每首诗的结尾处又有诗人落款的小红印章；更令人惊奇的是，每个字都像毛笔写的。作者根据诗句的内容，灵活地选用了篆、隶、行、楷、草、钟鼎等6种字体，布局新颖，刻工秀逸，令人赞叹不已。微雕凭肉眼和感觉完成，靠的就是日复一日练习获得的手感。一件微雕作品必须经历成千上万次的失败才能成功。微雕大师们凭借精准的眼力、专注的态度，呈现着精巧绝伦的微雕技艺。

 拓展阅读

"一孔"之中成就"正直"人生

戎鹏强出生于1965年,是中国兵器工业集团内蒙古北方重工业集团有限公司的深孔镗工。1994年年仅29岁的他就被评为全国劳动模范,2021年荣获第十五届中华技能大奖,在北重集团被称为"镗工大王"。

在北重集团的宣传廊道里,"中国保尔"吴运铎和"镗工大王"戎鹏强的图片分列两侧,隔廊相望。

"吴运铎是我国兵工事业的创建者和开拓者之一。"戎鹏强每每有闲暇,总会在前辈工程师的事迹栏下驻足良久。戎鹏强说,走进北重集团的大门,即使闭着眼睛,也能摸到自己工作的502车间。

从进厂第一天开始,戎鹏强就把精进技能作为自己的职业目标。通过几十年如一日的摸索实践,他总结了"摸、听、看、量"四字诀——"摸",是摸刀杆,根据摸刀杆判断刀在行走时的状态;"听",是听机床发出的声音和硫化油流动的声音,判断机床运转是否正常;"看",是看铁屑形状和电流表读数;"量",是测量刀杆每分钟行走的距离和内控尺寸。38年来,戎鹏强承担了各种口径系列的身管生产和科研加工任务,他加工的身管总深度达到20多万米。

"特种钢良品率是98%。加工一根炮管需要几十道工序,决不能因为自己这1%的工序让产品报废。"戎鹏强说,深孔镗最难的是没有辅助工具,加工时根本看不到刀具在零件内部的切削状况,只能凭手感。因此,摸刀杆是深孔镗工的必备技能。

为了练就以"手"为"眼"的绝活,戎鹏强每年要用坏上千把刀具。加工各式各样的孔,用途不一样,但精度要求都相当高,孔径公差要控制在一根头发丝的三分之一之内,加工难度可想而知。

2012年,一个航天、航空发射试验装置的关键部件订单,在全国"转"了几圈无人敢接——在长8米的钢质圆棒料上打一个孔径28毫米的通孔,通孔只有成人大拇指粗细,而加工深度却有3层楼高。

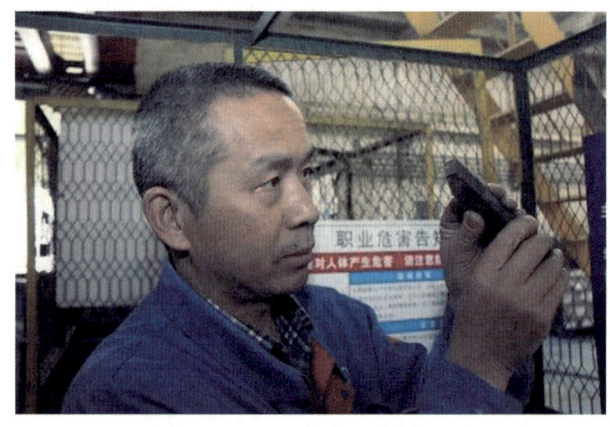

戎鹏强练就了以"手"当"眼"的绝活

管体孔深长度与孔径长度之比大于 100 倍的圆柱孔被称为"超长径比深孔",而该产品的长径比达到了惊人的 300 倍。由于加工难度极大、精度极高,国内没有厂家能够生产该产品,国外也只有法国生产过。为了打破国际垄断,戎鹏强接下了这项国家级难题。

加工过程中,由于孔径小、刀杆细长,很容易造成刀头震动、烧刀或者崩刃,同时走刀过程中要反复测量加工内孔的尺寸,有丝毫异常就要退刀从头再来。有时他干一天活儿,只能走刀六七十毫米。

不服输的戎鹏强精益求精,他以"蚂蚁啃骨头"的精神,一毫米一毫米地向前推进。一年半后,戎鹏强成为掌握超长径比身管加工绝技的国内第一人。

"深孔加工,讲究的一个是要'正',一个是要'直'。这么多年,这两个字一直是我追求的。深孔和人生一样,不能走偏。"戎鹏强说。

戎鹏强从一个仅有初中学历的兵工人,成长为屡破国外技术壁垒的大国工匠,多次创造深孔镗领域的"中国第一",加工良品率达到 99.5%。用时光淬炼镗工技艺,他专注火炮炮管加工,几十年如一日,注重细节,精益求精,对工作时刻保持敬畏之心,用匠心打磨优质产品。全国上下无人敢接的差事,戎鹏强不仅敢接,还能够做到,而且是完美地做到。戎鹏强用他的责任和技艺,书写着深孔镗领域的"工匠精神"传奇。

（2）追求极致。从古至今，杰出的工匠有一个共同点——他们都具有追求极致的心态，对产品技艺和品质有着"极致"的要求。

极致是指最高程度的造诣。极致不是最终的结果，也不是固定的终点，它是更好的质量、更优的品质、更高的境界，是人们心中更高的目标、更理想的状态。极致是一种工作的态度，更是一种心理模式。在杰出工匠眼中，做产品并不单单是干一份工作，更是在满足一种精神方面的需求。追求极致的过程，就是追求"没有最好，只有更好"的过程。

杰出的工匠不以生产合格品为目标而以生产精品为目标，不刻意追求当下而是放眼长远，他们不断改进工艺，提高品质效能，力求在业内长久领先，造福于世。他们习惯于把事情做到极致，如果事情没有做到他们心目中的"完美"程度，他们会寝不安席、食不甘味。如果劳动者以这样的心态来工作，做出来的产品或服务的精细程度就可想而知了。

做到心中极致的港珠澳大桥"首席钳工"

他曾经在港珠澳大桥建设时，参与完成 5.6 千米海底隧道工程，他靠着一把扳手和两个绝活，在深海 40 米处一颗一颗拧紧 60 万枚螺钉，实现港澳珠大桥海底隧道滴水不漏的奇迹。他就是纯朴、实在，靠着自己的努力从农民工转身为中国工匠，我国深海钳工第一人，全国技术能手管延安。

技术工种是劳心劳力的工作，管延安对这个行当却特别喜欢，从陌生到精通，他用扳手一下一下练出自己的"独门绝技"，无论是在速度上还是在质量上，他在公司都是拔尖的。管延安精益求精的工作态度，让他很快成长为令人敬佩的专业钳工。

2013 年，管延安所在的青岛航修厂接到港珠澳大桥项目前来招工的通知，虽然没有接触过海底作业，但他深知这次项目的意义重大，不假思索地报了名，经过层层选拔，他和优秀的工友们一起被选中参加到这项"世纪工程"中。管延安所负责的项目，是要在40米深的海底建造一条5.6千米长的隧道，建设技术全新，没有任何经验可以借鉴。国内外找不到参考，那就自己干、自己摸索！

管延安和工友们翻资料、搞实操，将设备一遍遍反复拆解、安装，2013年4月，经过无数次的规划、测量、操作，历经四天四夜的鏖战，终于迎来第一节海底隧道沉管顺利安装的消息。

隧道建设中，最难的是确保隧道不漏水，这可是保证工程质量、工友生命安全的终极目标。目标最重要的要求，是接缝处的误差不能超过1毫米，这用肉眼几乎是看不出来的。管延安为了这个目标，在陆地上将安装阀门成百上千次的拆卸、安装，用手感来避免这个极微小的误差，这也是为什么他在干活时从来不戴手套的原因。

功夫不负有心人，这个经过千锤百炼的技能成为管延安的一个绝活，到现在无论是用左手还是用右手，他都可以凭手感实现不超过1毫米的误差。

在施工过程中，经管延安的手拧过的60多万枚沉管螺钉，到如今没有一枚松动，海底隧道没有一处漏水。他说："对待手中的活儿，我一定要做到心中最极致的状态！"

管延安在检查零件

直到现在，在工作中，管延安最常用的一句话就是"再检查一遍"，每个零部件的安装，他至少要检查三遍。正是他这种严谨、追求完美的工作态度，才有了他几十年如一日挥舞扳手创造零误差的奇迹。管延安也凭借过人的钳工技术和为国为民奉献的精神，被媒体称为"中国深海钳工第一人"。

管延安曾说："我是在工地干活，只要我做到一丝不苟、精益求精、踏实专注就好。"他之所以能够创造奇迹，正是因为他始终秉持工匠精神，不断学习，不断钻研，向师傅学，向实践学，向书本学，不怕苦，不怕累，做活做到心中最极致的状态，以匠人之心让海底隧道成为他实现梦想的舞台。他用自己的亲身经历告诉我们：成功的秘诀，就是把简单的工作做到极致。

3. 一丝不苟

一丝不苟是工匠对待职业严谨踏实的自我要求。一丝不苟是指工匠应具有强烈的事业心、积极的进取意识、严谨的工作态度，能自觉地调整自己的行为，利用各种资源使工作成果最大化，从而使自身行为符合职业要求和企业发展需求。这是成为"大国工匠"的基础条件。

恪尽职守的职业道德是一丝不苟的工匠精神的前提基础。一家企业的员工应及时树立职责意识，才能更好地谋发展。严谨求实的工作态度是一丝不苟的工匠精神的基本要义。它体现在劳动者身上表现为要以认真细致的态度，把工作扎扎实实地做好。同时，劳动者还要具备严谨的工作作风，以"严"为标尺，衡量自我，思有所悟，不断提升自身的综合素养。

（1）恪尽职守。"在其位，谋其职。"恪尽职守，又称职责意识，是指劳动者要谨慎认真地做好本职工作，这是劳动者对自己的工作岗位负责，对他人、对企业承担责

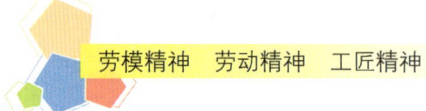

劳模精神 劳动精神 工匠精神

任和履行义务的自觉态度。如果把劳动者比作一个骑兵，那么学历只是盔甲，能力只是武器，经验只是坐骑，而驱动骑兵前进，使之取得非凡功绩的正是他的职责意识。真正的工匠，往往视职责为使命，哪怕身处的岗位再平凡，他也会集中精力把自己的工作做到最好。

拓展阅读

姜涛：成功的起点在于恪尽职守

姜涛，贵州航天天马机电科技有限公司焊工，高级技师，曾获得全国技术能手、全国五一劳动奖章等荣誉称号，第十四届中华技能大奖获得者，是国家级技能大师工作室带头人，享受国务院政府特殊津贴。

姜涛作为军工"三线"第二代航天人，对航天焊接事业十分热爱，30多年如一日，始终扎根军工"三线"，坚守生产一线，恪尽职守，自觉履行一个技术工人对岗位、对他人、对企业的职责，使得自己的技能不断提升。在成为业内知名的技能大师之后，他依然坚守自己的岗位和职责，初心不变，多次婉拒其他更高收入工作的机会，令人钦佩。

长时间对职责的坚守，带给他的是高超的焊接技能和严谨的工作作风。他精通电弧焊、CO_2气体保护焊、TIG焊、MIG焊、埋弧焊、搅拌摩擦焊、钎焊等多种焊接技术；熟练掌握大型薄壁铝合金等有色金属、大型合金钢、不锈钢结构件、有色金属与黑色金属异种材料、中高压力容器等焊接技术；熟知变形控制和校正技术，以及铸锻件补焊技术，具有扎实的焊接理论功底和独到的焊接技艺。他焊接的产品遍布航天、航空、航海、船舶、电子、机械等领域，取得了显著的经济效益和社会效益，为国防军工和经济社会发展做出了突出贡献。

长期以来，对多焊缝、复杂大型异型构件的焊接，由于变形规律不好把握，焊接变形不易控制，产品的焊接尺寸精度难以保证。然而航天焊接对精度的要求非常高、焊接的质量不仅影响焊接点的好坏，还会影响航天实验的成败。面对这份沉甸甸的职责姜涛毫不退缩，在设计方案论证过程中，

> 姜涛利用自己丰富的焊接理论知识和实践经验，向设计师提出了大量的优化意见，采用了成本效益优异的"激进"设计方案，主动把生产难题留给焊接工序。在后期的焊接中，针对高强度合金钢焊接的难题，他采取精准控制焊接线能量、划小焊接单元、优化焊接顺序、反变形法等综合措施，将产品一次焊接成功，尺寸精度高于设计要求，获得用户高度赞赏，并为企业节约了200多万元的生产成本。该产品于2015年9月成功助力我国新型运载火箭"长征六号"发射，创造了"一箭20星"亚洲纪录。

30多年来，姜涛始终手执焊枪，虽然看起来似乎很平凡，但却被他做到了极致。他以恪尽职守、精益求精的工匠精神，高超精湛的焊接本领，为新时代技能工人树立了学习的典范，书写了航天报国的无悔人生，为实现中国梦做出了重要贡献。

（2）严谨求实。严谨是一种严肃认真、细致周全、追求完美的工作态度。求实是通过客观冷静的观察、思考和探求，悟透事物的内在机理，再采取最合适的方法去解决问题的做事原则。国家科技奖的获奖者们，在这方面做出了表率。我国计算机事业创始人金怡濂院士是后辈眼中的"老工人"，在印制电路板这项"极限"工艺中，他和工作人员一起用砂纸磨模具，用卡尺量尺寸，常常加班到深夜两三点，为的是追求"零缺陷"。在航天界，有一个故障归零标准叫作"举一反三"，"两弹一星"功勋奖章获得者孙家栋说，比如一个电子管零件坏了，火箭或者卫星上的所有仪器，都不能再出现这一批次的零件，无论好坏都不能用，因为质量是航天的生命。

一名优秀的工匠在施工之前，一定会做好规划，画好图样，计算工期，准备好各个环节，各个事项经过充分考虑之后再进入正式的施工阶段。拥有正确的方向、完备的计划、清晰的思维和认真踏实的态度才会更接近成功。

劳模精神　劳动精神　工匠精神

"雕刻火药"的大国工匠

第十三届中华技能大奖获得者徐立平是中国航天科技集团公司四院固体火箭发动机药面整形班组班组长。徐立平的工作，是为火箭或导弹发动机的固体推进剂（混合固体火炸药）进行微整形。就是用金属刀具将火箭或导弹发动机内装填好的固体火炸药一点一点地削切，修整至设计要求的型面。在此过程中，危险时刻相伴，敏感的火炸药一旦遭遇强力摩擦，便会剧烈燃烧甚至爆炸。而金属刀具削切火炸药，时时刻刻在发生摩擦，要避免箭毁人亡的爆炸，对削切力量和技巧的把握十分苛刻。对此，徐立平说出了他的经验：关键在于削切的力量要均匀，速度要缓慢，千万不可心浮气躁、用力过猛。

"火药雕刻师"徐立平

说起来容易干起来难。只有亲临徐立平工作的车间，才能体会到此项工作的艰难。首先，因工作的特殊性，厂房在工作时间必须做到房门大开，无论严寒还是酷暑，那都是他们危急关头的逃生之门。冬天最冷时气温在零下十几摄氏度，冻得人手脚麻木。夏天最热时还必须穿着厚实的工作服，全身包裹在汗水中，且蚊虫肆虐，脸部时常被叮咬得红肿难忍。其次，不可能端端正正地坐着削切火炸药，因为火箭或导弹发动机的大小粗细不同，药面形状复杂，在削切整形火炸药时往往要采取或蹲或跪或趴或躺的姿势，干上

> 一会儿往往就肩酸背疼,手都抬不起来。而这时想要控制力量的均匀,难上加难。
>
> 凭着过人胆识和严谨细致的练习,徐立平练就了一手"精雕细刻"的绝活,被大家尊称为"火药雕刻师"。

正是徐立平的严谨、细致和强烈的责任感,才使他肩负重任,身怀顶尖绝技,不负航天使命。就在这样一个高危岗位,徐立平保持着整形产品100%的合格率和安全事故的零纪录。徐立平身边的工友这样评价他:"徐师傅身上表现出一种彻底而又纯粹的工匠追求,他静默平和却胸怀报国雄心,他身上坚毅、专注、严谨的精神和对岗位的挚爱,是激励大家永远向上的精神力量。"

4. 追求卓越

追求卓越是指追求优秀的、杰出的目标。卓越不是一个标准,而是一种境界。它不是优秀,它是优秀中的最优。卓越是一种追求,它在于将自身的优势、能力,以及所能使用的资源,发挥到极致的一种状态。优秀的工匠永远不会停滞不前,他们会以崇高的使命感、自我超越的人生态度不断精进,不满足于自己现有的技艺,在工作实践中不断学习、探索,努力提升自己的知识和技能水平。他们敢于尝试新知、突破自己,在竞争中为自己赢得更大、更广阔的发展空间;他们不断地为自己设定更高的工作目标,要求自己有更加出色的工作成绩;他们敢于直面失败,勇于担当,不断向着更高更险的山峰攀登。

每一次抵达,都意味着新的出发。从事任何工作,都要追求卓越,致广大而尽精微,以勤学长知识、以苦练精技术、以创新求突破、以超越创一流。

(1)创新进取。创新进取是指无论干什么工作、从事什么职业,都必须富有创见,解放思想、更新观念,用新思路、新举措、新办法攻坚克难。在"大众创业、万众创新"成为时代主题的今天,劳动者应善于将新技术、新工艺、新材料、新设备为我所用,展示锐意创新的个性。面对新形势、新挑战,劳动者应始终以自我革命的勇气革故鼎新、革新技能、反复实践,通过创新推动事业发展。

劳模精神　劳动精神　工匠精神

用创新进取续写"我为祖国献石油"

刘丽是中国石油大庆油田有限责任公司第二采油厂第六作业区采油48队的采油工人，为了油田的高产、稳产，作为新一代石油工人的刘丽，在采油一线奋战了近30年，2021年荣获第十五届中华技能大奖。

不同于过去靠地层压力，石油就能喷涌而出，如今，采油难度越来越大，新一代石油人的奋斗，要靠创新去实现突破。

1993年，从技校毕业的刘丽来到有着光荣传统的大庆油田有限责任公司第二采油厂第六作业区采油48队，成为一名采油工。出生在黑龙江省大庆市的刘丽，从小听着铁人王进喜的故事长大，她的父亲也曾和王进喜一同参与过大庆油田会战。在父亲的影响下，刘丽在岗位上迅速成长为一名技术能手。"大庆精神""铁人精神"像一面旗帜，激励着她不断向前。

和父辈们在贫瘠的土地上"出大力、流大汗"不同，作为新一代石油工人，刘丽更懂得用创新来为大庆油田的高产、稳产作贡献。

每次上井工作，采油工携带的工具重达15千克，刘丽经过巧妙构思，多次试验，将撬杠、管钳、扳手和旋具合为一体，操作工具总质量减少到2.5千克，这种使用时可随意切换的工具，既减轻了工人的劳动强度，又大大提高了工作效率。

心里面想着工作，灵感总是不时闪现，刘丽发明的"上下可调式盘根盒"，解决了采油工更换盘根难、盘根使用寿命短等弊端。多年来，5代"上下可调式盘根盒"在6万多口油井上使用，每年节约维修工时10万小时以上，节电2.4亿多千瓦时，多产油近万吨。

2011年，以刘丽名字命名的"刘丽工作室"成立。在刘丽看来，这个团队是技术和力量的整合，以前自己做，现在带十个人、百个人一起做，产生的效果肯定是不一样的。

刘丽在研究技术

如何在解决问题的同时，既能保证工作干得更快，还能干得更好，常常是刘丽日思夜想的事情。"做的东西要不断改进，甚至以前的东西还要推翻重来，事实上就是创新进取，追求卓越。"刘丽说。

案例分析

刘丽曾说："创新的目的是要追求实用性、经济性和安全性。"做生产，每天都会面临各种各样的新问题，刘丽的工作就是解决问题，但她解决问题的方法并不是墨守成规，而是以新颖、独特、别出心裁的方法去突破常规。对于优秀的劳动者来说，优异的技术能力总是与创新相伴而行的。他们学习专业技能时，决不会被既有的技艺约束。面对实际操作中遇到的各种问题，他们不会回避、不会退缩，而是不断思考、进取，直到问题得到圆满解决。

（2）自我超越。自我超越是指不断超越过去的目标和成绩，去创造更大的空间。自我超越是一种状态、一种追求。不断反省自己、提升自己、完善自己的过程就是超越自我的过程，也是追求卓越的过程。一个能够自我超越的人，一个能够自我超越的

劳模精神　劳动精神　工匠精神

企业，都是在奋斗的过程中去实现自身价值的。自我超越的价值在于学习和创造。对真正的工匠来说，追求卓越是工作的需要，是一种工作品质，甚至可以说是一种信仰，是永无止境的。自我超越不仅是对工作价值的一种肯定，也让劳动者的人生价值在不断超越中得到升华。

拓展阅读

不断精进自我超越的"焊神"

因为不断超越自我、不断超越前人，他成了众人眼中的"焊神"。他就是沪东中华造船（集团）有限公司（简称"沪东中华"）电焊高级技师、全国技术能手张翼飞。

在亚洲金融危机时期，沪东中华为德国建造的4艘集装箱船上层建筑因为船东苛刻的检验而迟迟不能交付，如果再不能过关，沪东中华将面临数额巨大的罚款。张翼飞得知这个消息后，主动向领导请战，承诺道："我的班组可以解决这个问题。"当时很多人都心存疑虑，但面对史无前例的压力，张翼飞明白，要让船东认可质量，就必须掌握过硬的技术。早已出师的他，还到处拜师学艺。在这种孜孜不倦的学习精神影响下，班组其他成员也不甘落后，你追我赶钻研焊接技术，这就是他自信的源头。两个月后，张翼飞和他的班组终于打赢了这场攻坚战，张翼飞成了沪东中华的"明星"。

张翼飞深信，正确的理论是提升技艺的可靠保障。因此，他对焊接理论进行了更为系统的学习和研究。他屡屡获得殊荣。全国技术能手、中华技能大奖、全国劳动模范等桂冠，并没有使张翼飞停止钻研技术的步伐，他深深明白"勇于超越"这个道理。因此，在每次获得荣誉之后，他都会对上一个阶段的学习进行总结。

数年前，沪东中华从日本引进了一批先进的焊接设备，日本专家几经调试也无法使设备的某些技术参数达到施工要求。"让我来试试！"这时张翼飞站出来说。当时张翼飞突破极限规范，对设备参数进行了大胆修改，结果焊接设备调试取得了理想效果。张翼飞的手艺得到了日本专家的称赞："张先生的焊接水平是世界级的！"

张翼飞并没有因为自己的高超技艺而沾沾自喜。他认为，人应该把目光放得更远，应该掌握更多的知识。现在，张翼飞已经掌握了100多种焊材的焊接技术，也就是说，他所掌握的焊接技术几乎涵盖了所有焊接领域。经常有人问张翼飞："你真有这样神奇的本领？你是怎样练就这种神奇的本领的？"他微笑着回答："其实这也没有什么，只要用心，肯下功夫，一切就不再神奇。"

不断精进成长，才能超越自我。张翼飞为了实现中国造船强国梦，利用一切时间，积极做好各项技术储备工作，让自己的焊接技术功底更深厚，焊接领域更宽广，成功实现了一次又一次的自我超越。他把技术当作乐趣、当作动力，立足岗位，胸怀行业，体现了大国工匠的境界——自强不息、开拓进取、追求卓越、勇攀高峰！

张翼飞在调试设备

劳模精神　劳动精神　工匠精神

 小结与思考

　　新时代工匠精神的基本内容包含了执着专注的工作态度，精益求精的能力素养，一丝不苟的履职信念，追求卓越的责任使命。这些特质互为表里，相辅相成，集中体现了工匠对于职业、器物、劳动的热爱，与伟大创造精神、伟大奋斗精神、伟大团结精神、伟大梦想精神相互契合，共同构成了新时代奋勇向前的强大精神动力。

以下问题值得我们探究与思考。

1. 工匠精神的特征有哪些？

2. 请根据你的理解，并结合自身的工作经历，谈一下新时代工匠精神的内涵。

3. 选择一名你身边的优秀工作者，谈一谈他（她）身上有什么值得学习的工匠精神，分析他（她）是如何为企业和国家创造出价值的。

第3节 践行工匠精神

工匠精神是一种强大的民族精神力量,也是一种良好的社会道德风尚。我们学习和弘扬工匠精神的主要目的,就是通过践行工匠精神,提升技能,磨炼心性,最终成为专业领域内或行业内的工匠人才,实现个人成长成才,推动国家社会发展。

对工匠精神的致敬,就是努力让自己成为工匠。每个劳动者都应该成为自身领域中工匠精神的践行者,把工作作为事业追求,心无杂念,一心一意,无论遇到什么困难挫败都不放弃、不退缩、不妥协,不懈追求、坚持到底。将个人追求融入时代洪流,拥有精益求精的匠心,对自己的工作和产品精雕细琢,让工匠精神焕发出强大的生命力。

一、坚定理想信念

1. 树立技能报国的理想

"国之兴,长于政;政之兴,在得人。"得人才者得天下,人才是第一生产力。技能人才是国家的宝贵资源,重视和抓好技能人才的培养,对促进经济发展、产业升级、推动产业高质量转型、提升综合国力、建设世界强国,具有重要意义。习近平总书记强调:"要高度重视技能人才工作,大力弘扬劳模精神、劳动精神、工匠精神,激励更多劳动者特别是青年一代走技能成才、技能报国之路,培养更多高技能人才和大国工匠,为全面建设社会主义现代化国家提供有力人才保障。"

(1)要做到技能报国,就要自觉树立爱国奉献的远大理想。伟大事业始于梦想,梦想是激发活力的源泉。梦想即理想,理想是奋斗目标。只有志存高远,干事才会有激情,奋斗才会有动力,事业才会有大发展。劳动者要树立爱国意识,心系祖国,始终做到把自己的成长进步和职业发展同国家前途命运紧紧联系在一起,与国家心连心、同呼吸、共命运;关心国家发展,用学到的本领服务人民、报效祖国。

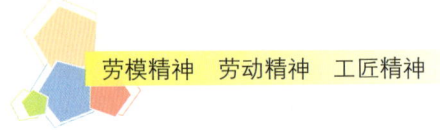

技能报国:时代舞台广阔,技能人才大有可为

几秒便能识别泵管阀故障位置的曾璐锋、每层汽车喷漆厚度误差不超过 0.01 毫米的杨金龙、焊接的产品几乎零瑕疵通过 X 射线相关检测的曾正超……从先进制造业到战略性新兴产业,再到现代服务业,一大批技能人才在职业技能竞赛的大舞台上脱颖而出,他们磨炼精湛技艺、切磋技术本领、用奋斗与汗水书写精彩的人生。

技能人才工作取得积极成效,人才规模明显扩大,这些成绩的取得是大量技能人才长期艰苦磨炼、扎实提高技艺的结果,更是越来越多的劳动者投身技能成才、技能报国之路的生动缩影。据统计,截至 2021 年底,全国技能人才总量突破 2 亿人,其中,高技能人才超 6 000 万人。

从"嫦娥"奔月到"祝融"探火,从建设港珠澳大桥到建设北京大兴国际机场……诸多重大项目、重大工程的顺利实施,都离不开高技能人才的奉献与付出,在"人人皆可成才、人人尽展其才"的时代背景下,中国技能人才队伍将迎来黄金发展期。与此同时,我们也应看到壮大技能人才队伍仍面临着一些障碍。一方面,"重学历、轻技能"的观念依然存在,技能人才群体仍存在待遇不高、获得感不强等问题;另一方面,技能人才供需矛盾仍然存在。教育部、工业和信息化部等部门调查显示，仅制造业的十大重点领域中，到2025年技能人才缺口将接近3 000万人。

随着我国进入新发展阶段，各行各业都迫切需要大批技艺精湛、精益求精的技术工人。近年来，为提高技术技能人才的社会地位，大力弘扬工匠精神，相关部门持续加大制度创新、政策供给和投入力度：新修订的《中华人民共和国职业教育法》为培养更多高素质劳动者和技术技能人才、打造现代职业教育体系夯实法治基础；《技能人才薪酬分配指引》出台，推动企业建立健全符合技能人才特点的工资分配制度；四部门联合印发《"十四五"职业技能培训规划》，专门就完善技能人才职业发展通道提出了明确要求……

时代舞台广阔，技能人才大有可为。相信会有越来越多的劳动者投身技能成才、技能报国之路，在奋斗中绽放风采。

习近平总书记强调："我国经济要靠实体经济作支撑，这就需要大量专业技术人才，需要大批大国工匠。"技能报国不是一句空话，是一代又一代的国之重匠用行动和生命践行的忠诚诺言。新时代的劳动者不仅要培养爱国主义情怀，而且要知道爱国不是一句空话，而是需要广大劳动者的躬行实践。

（2）要做到技能报国，就要脚踏实地干一行、爱一行、钻一行。每个行业都有绝活，每个领域都有尖端技术，掌握了绝活和尖端技术就掌握了高技能。当然，高技能不是轻而易举、轻轻松松就能掌握的，需要劳动者对技能热爱、投入和执着，更需要吃苦耐劳、勤于钻研。千里之行始于足下，万丈高楼平地起。"天下难事，必作于易。"一切伟大事业、伟大成就都是从简单事情做起的。技能劳动者要树立正确世界观、人生观和价值观，无论干什么工作，都要能静得下心、耐得住寂寞，满怀激情、坚定执着，从点滴做起，踏踏实实、爱岗敬业。

用行动写下
"匠心追梦，只争朝夕"

2006年，湖南株洲九方装备股份有限公司（简称"九方装备公司"）立车班班长、高级技师、全国劳动模范邹毅从职业技术院校毕业，被分配到九方装备公司工作。十几年来，通过在一线摸爬滚打，他的技能水平得到很大提升。进厂第4年，被公司聘为立车班班长。10年间，邹毅通过不懈努力攻克了公司生产任务骤增、产品质量提升和设备攻关任务骤增、年轻新工人骤增等一连串困难，带出了一支高素质、高技能、敢打硬仗、能打胜仗的职工队伍。

现在，全班25名职工里，有高级技工13人，技师和高级技师7人。有了这样一支队伍，他们圆满完成了公司技术攻关任务60余项，设备攻关任务40余项，新产品攻关任务30余项。由邹毅创造的"邹毅机车车轮先进操作法"被列为公司生产工艺标准，并被评为公司"优秀成果奖"。

进厂第8年时，"邹毅劳模创新工作室"正式成立。他带领团队攻坚克难，累计实现技术革新200多项，完成技术装备和先进工艺方法专利17项。团队中有1人获得全国技术能手称号，3人获得湖南省技术能手称号，4人获得株洲市技术能手称号，工作室也得到了"技能大师孵化器"的高度评价。

2015年，邹毅获得湖南省劳动模范荣誉。5年来，他以更高标准要求自己，参与和负责完成公司40余项生产质量技术攻关任务；成为职工专业技能培训授课老师和职业技能比赛专业考评员，参加和主持各项技术培训和技能比赛

邹毅获评"全国劳动模范"荣誉称号

90余场次，与20余位青年技工签订了结对子培训合同；编写职工专业技能培训教材，先后参与了13本专业技术书籍的编写工作。

心中的格局有多大，人生的舞台就会有多大。靠自己的双手和智慧，未来，邹毅的愿望就是带领更多青年技术人才，用行动书写"匠心追梦，只争朝夕"的决心。

案例分析

"择一事，终一生"是一种人生选择，也是一种人生境界。现代社会，职业选择的多样化、个人价值的多元化都对当代劳动者提出了更多的挑战。爱岗敬业、忠于职守就是忠于自己的工作，并尽职尽责完成工作。技能报国、技能成才就是将爱岗敬业的心态和精神融入自己的实际工作中，将职业当作事业，全身心投入岗位，以主人翁的心态对待工作，这终将会使你拥有自己的事业，建功立业。

2. 坚定技能成才的信念

中国有句老话叫"技多不压身"，习近平总书记多次强调要"培养更多高技能人才和大国工匠"，并发出"走技能成才、技能报国之路"的号召，这对广大劳动者是巨大的鼓舞。近年来，国家通过一系列政策、举措，努力让技术工人在发展上有空间、经济上有保障，大力培育尊崇工匠精神的社会风尚。一代一代像高凤林、梅琳这样的大国工匠们把专注不移、追求极致的气质，融进了他们出神入化的手艺里，把手里的一件件产品、一次次任务都做成了一个个卓越的作品。"着一事、传一艺、显一技"，这种精神境界，也是值得所有劳动者学习的一种职业精神。

技术技能是劳动者的核心能力，努力提高技术技能，让工匠精神转变为现实生产力是我们肩负的责任。只有努力学习、刻苦钻研、日复一日地践行工匠精神，才能实践"技能成就梦想"的美好蓝图。劳动者应该牢牢把握好在工作中学习技能的机会，努力向高技能人才学习，向工匠楷模学习，通过技能发展和创新回报国家和企业的培养，实现自己的人生梦想。

二、投身本职岗位

1. 认识和理解自己的职业

职业无论对于个人还是社会都具有十分重要的作用。从个人角度来看，职业是劳动者扮演的社会角色，并承担的一定社会义务和责任。每个人只有热爱自己的职业，专注于本职工作，才能在自己的领域有所成就。各行各业的工匠，都要各司其职，各尽所能，只有在自己专长的领域持续专注地发展，才能练就精益求精的技艺。专一、专注是工匠的核心，也是工匠最该有的精神。

认识和理解自己所从事的职业，是热爱和投身职业的前提。各行各业都有其独特的属性和特点，我们要了解自己正在从事的职业对劳动者的要求，与自身的职业理想、技能水平、个性特点是否匹配。当所从事的职业能够使个人的才能得到发挥、个性得到不断发展与完善，并在精神上追求工匠境界时，这种职业就能成为促进个人健康发展的途径，人们自我实现的需要便逐步得到满足。

与突破众多"中国不可能"的大国工匠聊职业

2022年荣获第十六届中华技能大奖的潍柴动力股份有限公司（简称"潍柴"）首席技师王树军从小在潍柴厂区家属院长大，是一名地地道道的潍柴子弟。进潍柴当一名工人，是王树军儿时就种下的梦想。1993年，从潍柴技校毕业后，王树军如愿进入潍柴老车间维修老式机床，在他眼中，设备上的每一个零件都是一个独立的生命，经过重新碰撞组合后，都会产生新的生命与活力。

秉承着兴趣、专注和执着，王树军一门心思钻研业务，不到10年的时间，就担任了负责615厂4个车间维修工作的维修班长。坚守一线的职业生涯中，王树军获得了富民兴鲁劳动奖章、山东省机械行业十大工匠等多项荣誉，潍柴专门因他建立的"王树军工作室"也先后被评为"山东省劳模创新工作室""全国机械冶金建材系统示范型职工（劳模）创新工作室"。

"确实有过外地企业想高薪聘请我，集团领导也向我提过几次，要我从事管理工作，但我还是想在一线和设备打交道。"王树军表示，坚守一线的日子里，自己从未忘记过初心，"潍柴的精神是'激情、感恩、执行、创新'，而我的信念是'不忘初心、牢记职责、干好工作、心中快乐'，我热爱一线的工作，干一行就要爱一行。"

聊起自己的工作历程，王树军充满了激情。细节决定成败，王树军深谙这一道理，在职业生涯里，他从不会放过工作中遇到的任何一个小问题，任何一个小细节。

"比如程控设备的维修就是一个非常细密的工作，这些设备都精密、复杂，也非常昂贵，动辄价值几百万元甚至上千万元。所以我每次维修设备都很小心谨慎，维修前也要反复琢磨、研究，做起来'比绣花还细'！"王树军感叹，有些设备光拆卸就需要一天半的时间，对于拆下的每一个零件，自己都仔细做好标示，拆一点用相机拍一点，记录下来，然后再分析与相关零件的关系，最后发现故障点，进行修复。

凭借着精湛的技艺，王树军很早之前就成了潍柴乃至国内发动机行业中设备检修技术的集大成者。凭着一股不服输的劲头，王树军还向国外权威发起了挑战，闯进了国外高精尖设备维修禁区。"只要我们

工作中的王树军

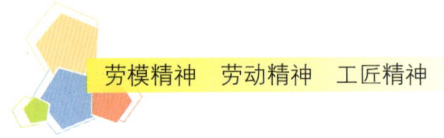
劳模精神　劳动精神　工匠精神

千千万万坚守在一线岗位的职工都来做工匠精神的坚定践行者,中国制造业自主创新就有无限的活力,迈向高端就有无限的可能!"王树军说。

案例分析

王树军在职业发展的道路上,通过苦心钻研和技术革新,突破了一个又一个令外国专家侧目的"中国不可能"。一路走来,王树军用实际行动诠释了"大国工匠"的定义,为广大劳动者树立了理解职业、扎根岗位、勤学实干、技能突出的榜样。

2. 制定明确的职业发展规划

"择一业,终一生"是匠人匠心的人生格言,也是他们用行动践行的忠诚诺言。一个人的职业发展是其生活的重要组成部分,选择了一份职业就是选择了一种社会角色,进而选择了一种生活方式。每个人都应该是自己人生事业的规划者和耕耘者,规划自我,发展自我,为实现自我价值创造机会,这也是为什么有时候方向比努力更为重要的道理。成为工匠,是每一位平凡劳动者的职业目标,是一个漫长久远的职业成长历程,也是追求自我实现的重要经历。

(1)职业规划的出发点。职业规划和发展的出发点,是以个人的心理、生理、智力为基础,以社会发展需求及工作内容的确定和变化为依据,以满足需求为目标的工作经历和内心体验。职业规划要回答四个基本问题:干什么,在哪干,怎么干,以什么样的心态干。这是进行职业选择和职业规划时需要充分考虑的前提条件,也可以将此概括为职业规划中的"四定":定向、定点、定位、定心。

定向就是确定自己的职业方向。定点就是确定职业发展的地点。定位就是确定自己在职业人群中的位置。职业本身没有高低,但是职业技能的掌握和运用程度人人有差异,在职业发展中要充分认识自身的职业技能水平,从现实因素考虑,对职位、薪资、工作内容做出判断和把握。定心就是稳定自己的心态。人的一生必然会有高低起伏,得意与失意总是结伴而行,个人的职业发展也不例外。在实现职业理想与目标的过程中，难免会遇到磕磕绊绊和意想不到的困难。要保持一种平稳的职业心态，秉持执着专注的工匠精神、干一行爱一行的职业操守，善于用创新思维解决困难和问题，始终坚定如一践行自己的职业理想。

（2）制定职业发展规划的主要原则。制定科学合理的职业发展规划必须遵循一定的原则。具体包括：可行性原则，职业发展规划要有事实依据，并不只是美好的幻想，否则只能是纸上谈兵；清晰性原则，保证目标与措施的清晰明确，可以具体实施计划以达到目标；适时性原则，未来有很强的不确定性，规划要有弹性，能随着环境、政策的变化而适时调整；持续性原则，规划要考虑到职业发展的整个历程，每个发展阶段应能持续连贯衔接；长远性原则，规划应该从大方向着眼，尽可能制定远期职业发展目标；挑战性原则，如果目标在原地踏步不前，职业发展则失去了原本的意义，也无法激励自己。

（3）职业发展规划的制定步骤和内容。完整、有效的职业发展规划包括自我评估、外部环境分析、目标确定、实施策略和反馈评估5个环节。自我评估，即对个人兴趣能力、特长、学识水平、潜能等方面的综合评估。外部环境分析，即对社会政治环境、经济环境和组织环境的分析。目标确定，即制定可实施的短期目标、中期目标和长期目标。实施策略，即进行学习培训、技能提升、实践计划等方面的安排。反馈评估，即不断反省和修正目标及策略。

三、提升职业能力

提升职业能力的途径，一是不断研究与创新，提升创造能力；二是通过终身学习，不断积累和提升综合素质、专业知识和技能。

1. 培养创新思维，精益求精

创新思维，是指以新颖、独特、别出心裁的方法解决问题的思维过程。创新思维通常能突破常规思维的界限，运用超常规或者反常规的方法和视角等去思考和解决问题。

创新是产品的灵魂，精益是产品的生命。将自己的产品或服务当作艺术品来雕琢，才能赋予产品和服务更灵动的内涵。在工作实践中，可以从工作中的"微创新"做起。在需要运用创造力来解决问题时，先明确你的所需，限定一个框架，然后在框架内寻找答案。这远比漫无目的的发散思维或静候灵感降临更有效。

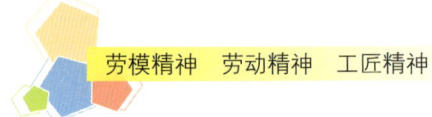

劳模精神　劳动精神　工匠精神

创新并不是多么了不起的非凡之举。创新靠的不是天赋，而是一种技能，跟生活中的其他技能一样，任何人都能通过学习去掌握它，都可以熟能生巧。

2. 提升综合素质，追求卓越

新时代呼唤新人才，对技能人才提出新要求。新时代的新型工匠不仅要注重对传统工匠优秀品质的锻造和传承，还要更加重视对学习能力、创造能力的培养和提升。把握新时代对劳动者的新要求，善于利用新环境，科学制定新目标，不断提升技能技术，追求综合素养提升，才能在社会主义建设的新征程中实现自我、服务社会。

在成为工匠、传承工匠精神的实践中，学习是重要的途径。不仅要学习技能技术，更要提升自身综合素质。开拓和把握终身学习的途径，通过继续教育提升自身的专业理论知识水平；通过技能培训提升自身的技能水平；通过思想政治理论学习提升自身的道德修养，这些都可以为劳动者在践行工匠精神、提升综合素质时提供源源不断的能量。

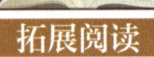
拓展阅读

王军：学习、创新永远没有止境

王军，宝山钢铁股份有限公司钳工，高级技师，全国劳动模范、全国技术能手、第十三届中华技能大奖获得者。作为著名工人发明家，他曾获国家发明金奖14项、国际发明金奖4项。他在学习和创新的道路上从不停歇，先后两次荣获国家科技进步奖二等奖，是国家级技能大师工作室带头人，享受国务院政府特殊津贴。

王军终身坚持理论学习与技能提升相结合，他从宝钢技校毕业后1996年考入同济大学夜大，2003年获钳工高级技师证书，2004年获本科学士学位。王军立足岗位创新挑战行业技术难题，利用业余时间参加上海知识产权服务中心、宝钢人才开发院等机构组织的培训学习，提升持续创新能力，从一名剪刃工成长为宝钢技能专家。

终身学习成就了创新奇才。只要在生产线上发现设备的缺陷，王军就能很快找到创新点，找到解决问题的方法。王军三大类创新项目之一的"层流冷却关键装备技术"是一个世界级行业难题，传统工艺已不能完全满足高品质钢板的质量和精度要求。王军历时10年，完成了"高成材率节能环保热轧层流冷却成套技术装备"的研发，现在已经升级到第4代。该项目在节能和环境保护方面效果显著，平均提高热轧带钢成材率0.8%、节水36%、节电25%以上。项目成果全面应用以来，设备运行稳定可靠，累计创造直接经济效益5亿多元。且具有完全自主知识产权，彻底改变了以往此类核心装置长期依赖进口或仿制外国产品的局面，实现了由空白到国际领先水平的跨越式提升。

王军以学习与创新为人生坐标，永不止步。现在，他又积极投入到技术传帮带活动和创新方法的传播工作中，担任王军创新室负责人、宝钢员工创新活动基地创新指导志愿者和8家员工创新工作室导师，每年承担技师和创新骨干培训任务近40次，培训超过3 000人。

小结与思考

工匠成长之路上，不仅要树立技能报国、技能成才的远大理想，更要坚定学习永无止境的信念。新时代对于高技能人才提出了更多更高的要求，不断提升自身技能水平和综合素质，才能适应新时代不断发展变化的局势和挑战。各行各业都需要执着专注、精益求精、一丝不苟、追求卓越的工匠精神，在工作与学习实践中培育工匠精神和工匠品格，中国制造才会有更加强大的生命力。

以下问题值得我们探究与思考。

寻找工作中的创新：通过所学的创新方法，写出一个在你工作中发现的创新点，实现一项微创新。